【1：35 スケール】

作図および写図：
スワウォミール・ザヤンチュコフスキー
Drawn and traced by Sławomir Zajączkowski

▶プラハのBMM工場で製造されたヘッツァー試作型。1944年4月の演習場試験時。車体全体はダークイエローだが、砲身のみメーカー塗装のダークグリーン。

▼『ヒルデ』の愛称がつけられた所属不明のヘッツァー。モラヴィア、ノヴ・メスト。本車は三色迷彩で、工場塗装のダークイエロー地の上ににブラウンとグリーンの帯が不規則に吹きつけられている。両側面に車輌番号と桁十字あり。

▶マズルブレーキを装備し、砲架カバーに凹部のあるヘッツァー初期型。本車は1945年にドイツ国内でアメリカ軍に鹵獲され、その後米本土に輸送された。現在はフォートノックスのパットン博物館に展示されている。本車はダークイエロー単色にグリーンの砲身という初期生産型の標準塗装。データプレートが車体両側面の前寄りに塗装されている。

【1：35スケール】

作図および写図：
スワウォミール・ザヤンチュコフスキー
Drawn and traced by Sławomir Zajączkowski

▶標準的な冬季迷彩のヘッツァー後期生産型。1945年1月、東部戦線、第510戦車猟兵大隊。ダークイエローだった車体の全体に水溶性白色塗料が塗られているが、車輌番号232のまわりだけは塗り残されている。

▼BMM工場で『光と影』迷彩をほどこされたヘッツァーで、すでに実戦部隊に配備ずみのため側面と後面にドイツ十字が描かれている。本車は1944年秋にフランスのアロヴィルで米軍のM10戦車駆逐車との戦闘により撃破された。

▶1944年秋に導入された迷彩パターンを工場塗装されたヘッツァー後期生産型。この212号車は第97猟兵師団の所属。通常の戦術マーク記入法とは異なり、番号が車体前寄りに、桁十字が後寄りに描かれている。またシュルツェン中央部にも十字が重複しているのも珍しい。1945年夏、チェコスロヴァキア。

【1：35 スケール】

作図および写図：
スワウォミール・ザヤンチュコフスキー
Drawn and traced by Sławomir Zajączkowski

▶ヘッツァーの中期生産型で、三色迷彩はグリーン部にブラウンの縁どりがついたタイプ。本車は東部戦線で使用され、1944年秋に撃破された。

▼工場塗装のヘッツァー後期型で、1945年春にハンガリー軍部隊に配備されたもの。一部がドイツ十字にかかっているT-038の番号は鹵獲ドイツ軍車輌を分類していたソ連軍の技術部が記入したもの。

▶SS第8騎兵師団『フローリアン・ガイアー』所属のヘッツァー後期型。カパルナ=テルミト、トランシルヴァニア（ルーマニア）。本車は工場迷彩ではなく、ダークイエロー地にダークグリーンの蛇行帯を吹いただけの応急迷彩。1944年秋。

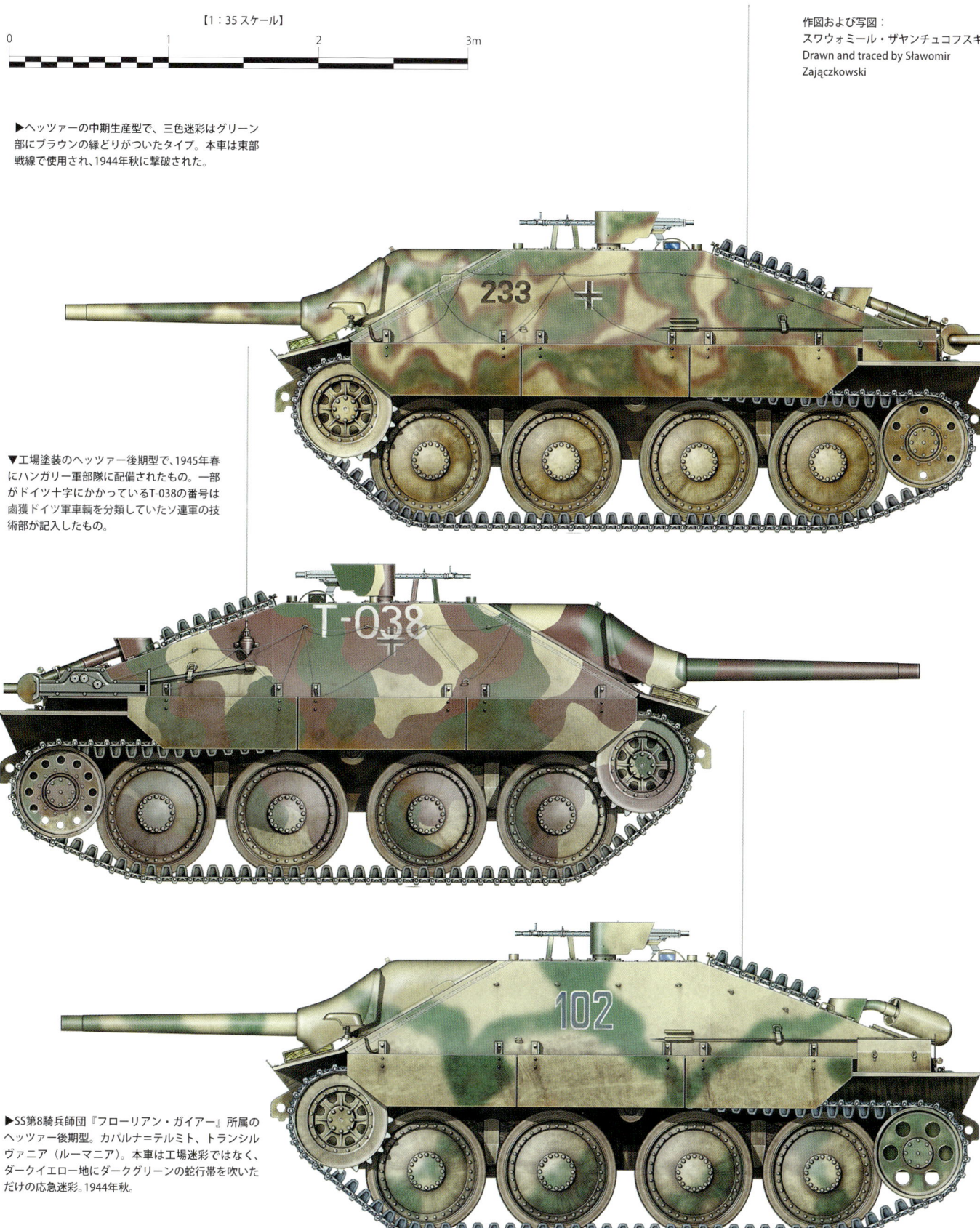

【1：35 スケール】

作図および写図：
スワウォミール・ザヤンチュコフスキー
Drawn and traced by Sławomir Zajączkowski

▲◀プラハの蜂起軍が使用した未完成ヘッツァー改造の装甲運搬車。1945年5月。本車は全体をグレーのプライマーで塗られていた。チェコスロヴァキア共和国国旗が前面と側面装甲板に描かれている。戦術マークも前面と側面(こちらは白い四角形と数字の1)につく。シュルツェンにはČS ROZHLAS(チェコスロヴァキア・ラジオ)の記念文字がある。

▼プラハのBMM製の工場迷彩をまとったヘッツァー後期生産型。1944年夏。桁十字は黒一色。足まわりと車体下部には迷彩なし。本車は1945年5月9日にチェコスロヴァキア、ナーホド市近郊のビェロヴスで撃破された。

作図および写図：
スワウォミール・ザヤンチュコフスキー
Drawn and traced by Sławomir Zajączkowski

▼プラハ＝スミチョフのシュコダ工場で装甲運搬車に改造された未完成ヘッツァー。車体はダークグレーのままだが、転輪と規格部品はダークイエロー。即製の戦術マーク、チェコスロヴァキア国旗、記念文字などマーキングは多彩。所属を明確化するため銃座部には本物の旗も掲げられている。おそらく車体前面にも何らかのマーキングがあったと思われる。

[訳注：HLUBOČEPY（フルボチェピ）はプラハ南部の地区名。NKAが何の略かは不明]

【1：35 スケール】

▼▶1945年5月のプラハ蜂起で反乱軍の手に落ちた別のヘッツァー。本車は駆逐戦車として完成しており（標準的な後期型）、工場迷彩である。反乱軍はČSRの略号（Československa Republika＝チェコスロヴァキア共和国）を両側面のドイツ十字の上に書いている。同じ略号が車体前面にも書かれているが、こちらは文字が大きい。

【1：35 スケール】

作図および写図：
スワウォミール・ザヤンチュコフスキー
Drawn and traced by Sławomir Zajączkowski

BMM製量産型の初期のものに適用された迷彩パターンのひとつ。初期型車輌はダークイエロー単色の工場塗装の状態で実戦部隊や物資集積所へ送られた。車輌が使用者の考えや必要にしたがって迷彩をされたのはその段階だった。本車のパターンはダークイエロー地とダークグリーンの大まかな塗りわけ部からなっている。しかし本車の全体パターンはBMMで塗装された点が例外的。これは戦術マークと国籍標識がないことからわかる。だが転輪については現地部隊で塗装されたのは確実で、ロールアウト直後の車輌は全部の転輪が単色塗装だった。

作図および写図：
スワウォミール・ザヤンチュコフスキー
Drawn and traced by Sławomir
Zajączkowski

【1：35 スケール】

0 1 2 3m

【1：35 スケール】

作図および写図：
スワウォミール・ザヤンチュコフスキー
Drawn and traced by Sławomir Zajączkowski

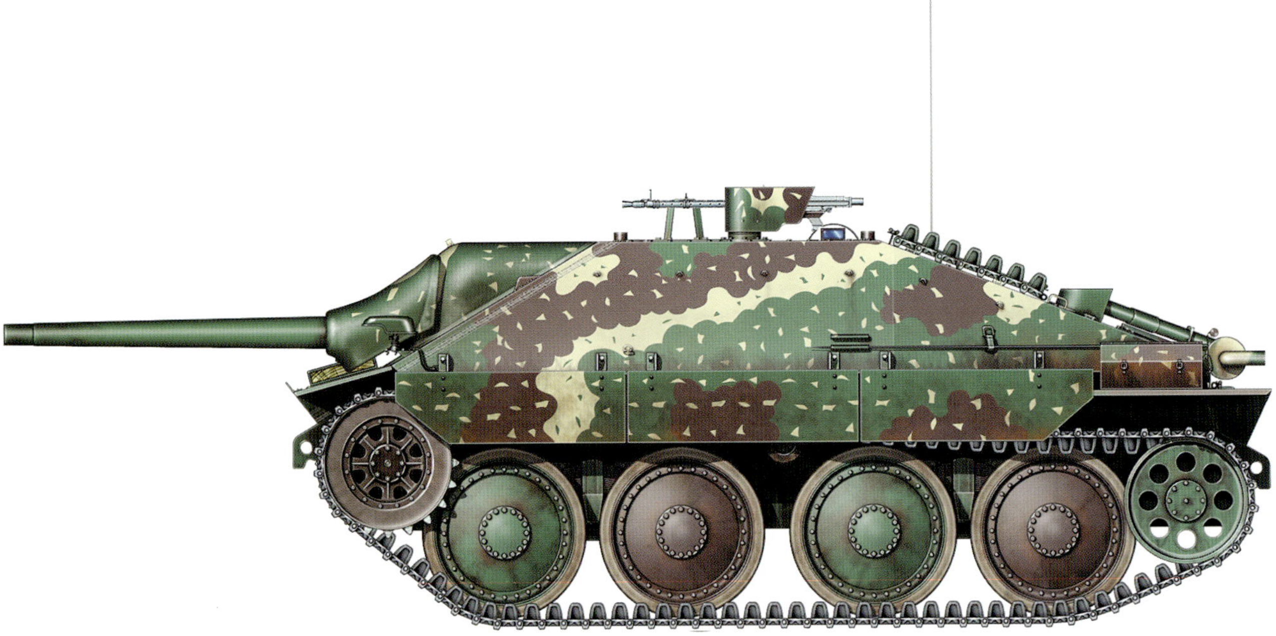

ヘッツァー駆逐戦車中期生産型（1944年夏）。本車はプラハのBMM工場製で、メーカーで塗られた独特の『光と影』迷彩（連合軍は『待ち伏せ』と呼んでいた）をまとっている。これはダークイエロー地の上に塗り重ねられた広くて輪郭の丸いダークグリーンとブラウンの部分で構成されている。暗色部分が車体の大部分を覆い、これにダークイエローの細かい斑点が散りばめられている。塗り残されたダークイエロー部はダークグリーンの斑点との相乗効果により車体形状を錯覚させることを意図していた。この塗装は車体ごとに個体差が確かに見られるものの、適用期間の開始から終了まで各塗りわけ部の輪郭などの全体的な規則性はかなり厳格に守られていた。

作図および写図：
スワヴォミール・ザヤンチュコフスキー
Drawn and traced by Sławomir Zajączkowski

【1：35 スケール】

【1：35 スケール】

作図および写図：
スワウォミール・ザヤンチュコフスキー
Drawn and traced by Sławomir Zajączkowski

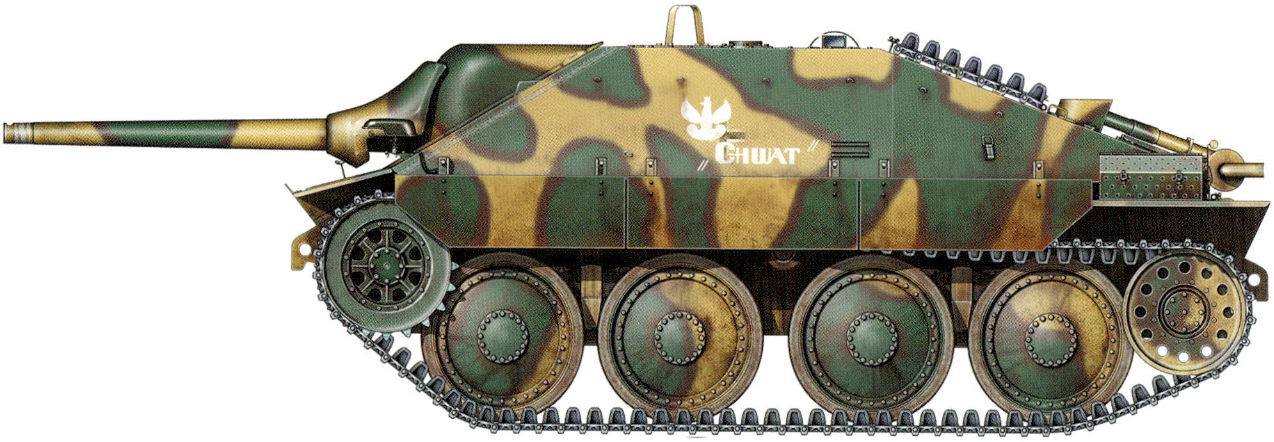

初期生産型のヘッツァーで、ダークイエロー地の上に塗られたブラウンの縁どりつきのダークグリーン部からなる三色迷彩。本車はワルシャワ蜂起の2日目、1944年8月2日の中央郵便局をめぐる戦いの最中に鹵獲された。本車は『フワツィ（フワトの複数形）』隊——地下軍事出版部の警備隊に配備され、そこから『フワト（Chwat＝命知らず）』と命名されて白の鷲章を記入された。このマーキングは両側面のドイツ十字の上につけられ、前面にもあった。

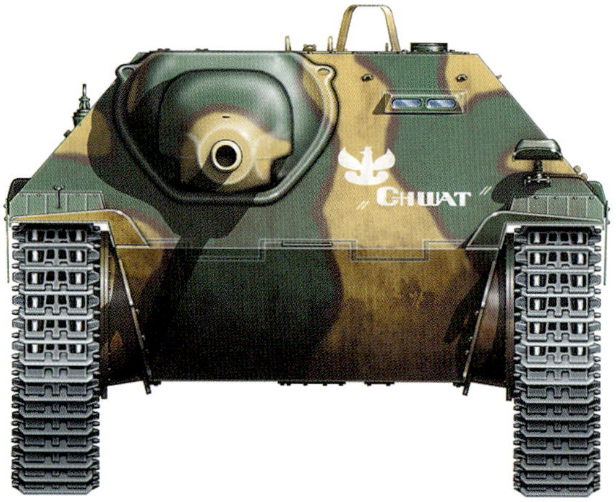

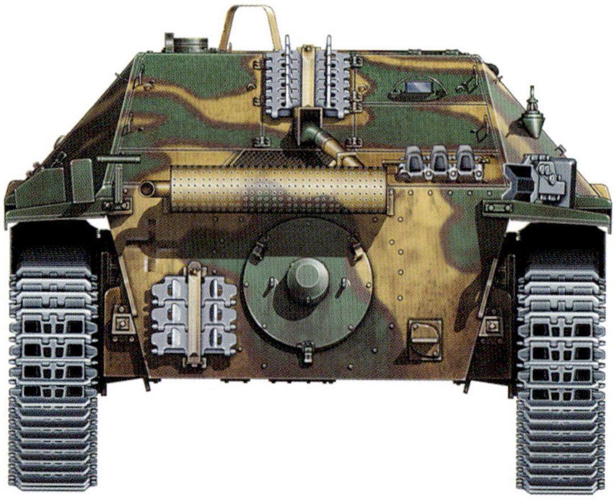

【1：35 スケール】

0 1 2 3m

作図および写図：
スワウォミール・ザヤンチュコフスキー
Drawn and traced by Sławomir Zajączkowski

【1：35スケール】

0 1 2 3m

作図および写図：
スワウォミール・ザヤンチュコフスキー
Drawn and traced by Sławomir Zajączkowski

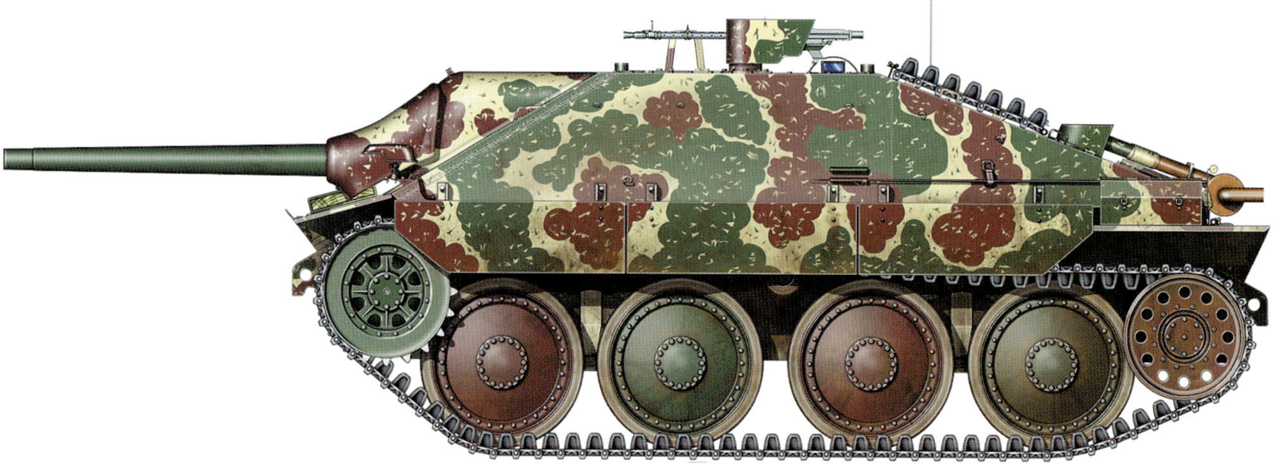

ピルゼンのシュコダ工場で組み立てられた『光と影』迷彩の中期生産型。1944年夏。パターンはBMMのものに似ているが、こちらの方がやや複雑で手が込んでいる。各色の塗りわけ部は面積が小さく、形状はより装飾的で、非常に多くの斑点（これもBMMより細かい）があった。きわめて印象的な（同時に効果的な）迷彩だったが、塗装には多くの時間と手間がかかった。

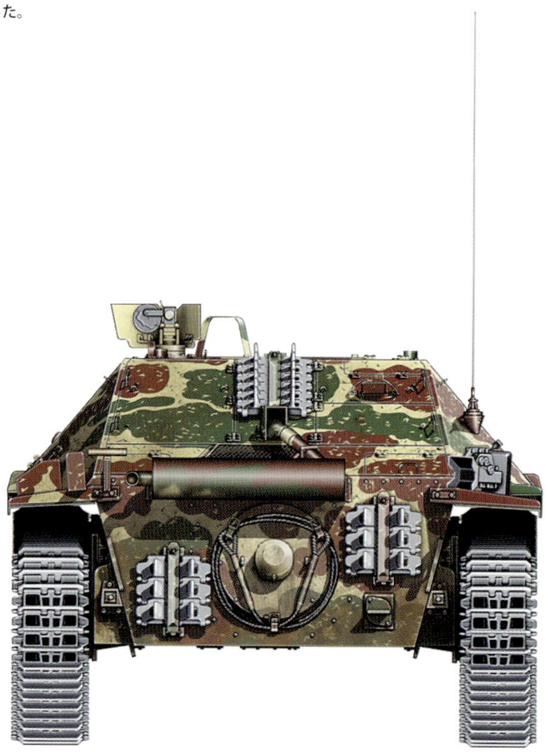

作図および写図：
スワウォミール・ザヤンチュコフスキー
Drawn and traced by Sławomir Zajączkowski

【1：35 スケール】

0 1 2 3m

【1：35 スケール】

0 1 2 3m

作図および写図：
スワウォミール・ザヤンチュコフスキー
Drawn and traced by Sławomir Zajączkowski

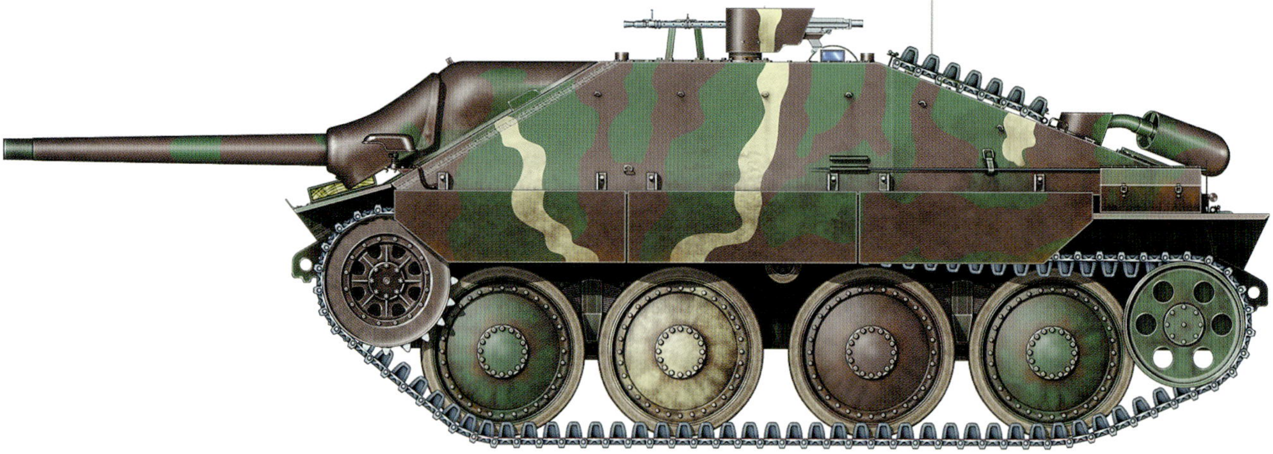

三色迷彩のヘッツァー後期生産型。1944年末。この規格パターンはピルゼンのシュコダとプラハのBMMの両工場で適用されていた。細かい補助色斑点は廃止され、さらに各色の塗りわけ部の形状が単純化され面積も広くなった。

作図および写図：
スワウォミール・ザヤンチュコフスキー
Drawn and traced by Sławomir Zajączkowski

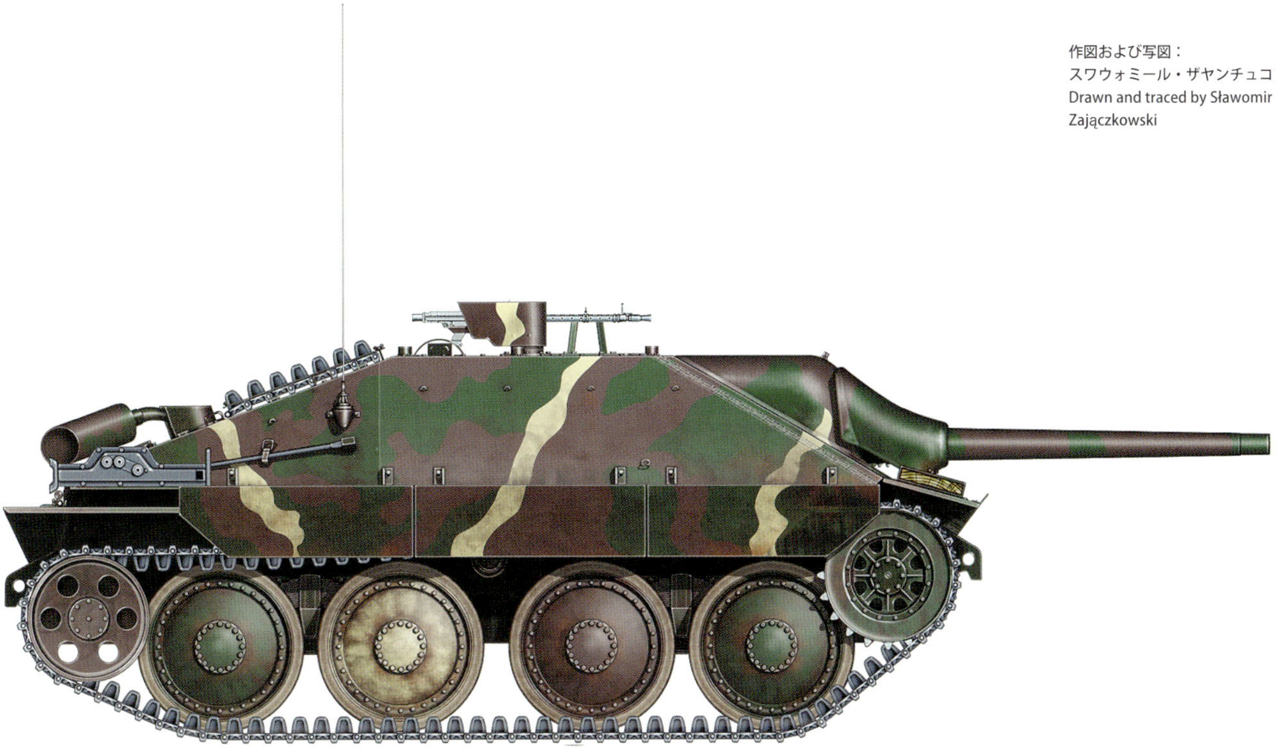

【1：35 スケール】

作図および写図：
スワウォミール・ザヤンチュコフスキー
Drawn and traced by Sławomir Zajączkowski

【1：35 スケール】

0 1 2 3m

▶工場塗装の迷彩にROA（ロシア解放軍）のマークをつけたヘッツァー後期型で、プラハ近郊のホジョヴィツェで反乱軍に使用された。1945年5月9日。

◀▼プラハ＝ジジュコフの集積所にあった未完成ヘッツァー（後期型）改造の即製装甲運搬車。1945年5月。本車の三色迷彩は改造後にほどこされたもの。シュルツェンには『敵ドイツに死を』のスローガンが書かれ、前面装甲板には白縁つきのソ連星とČSRの略号（Československa Republika＝チェコスロヴァキア共和国）がついている。

GUN POWERシリーズ1

38式駆逐戦車 ヘッツァー

JAGDPANZER 38 HETZER

マルツィン・ラインコ【著】
平田光夫【訳】

大日本絵画

目次
TABLE OF CONTENTS

当時の状況

Introduction

1943年までドイツの電撃作戦はヨーロッパのほぼ全土と北アフリカを制覇し、第三帝国は相つぐ勝利に酔いしれていた。しかし第二次大戦の形勢は1943年に逆転しはじめた。最初の衝撃は1942年11月23日にスターリングラード周辺で包囲されたドイツ軍が降伏したことだった。フリードリッヒ・パウルス元帥隷下の第6軍が第4戦車軍の一部とともに降伏したのは1943年2月2日だった。

スターリングラードでは戦力25万名以上の部隊が包囲陣のなかで孤立し、降伏時の生存者はわずか9万名だった。ドイツ軍は包囲陣から脱出できなかった。これはドイツ国防軍が経験した初の大敗北だった。

戦況はほかの戦線でもかんばしくなかった。北アフリカではエル・アラメインの戦いののち、ロンメル元帥の部隊も戦闘の主導権を失なっていた。1942年に連合軍がモロッコとアルジェリアに上陸すると、背後を衝かれたエル・アラメインから敗走中の『アフリカ』機甲軍の状況はさらに悪化した。ドイツ軍とイタリア軍は挟み撃ちにされ、1943年5月13日に降伏した。

スターリングラード攻防戦の敗北とチュニジアにおける枢軸軍の降伏により形勢は逆転した。ヒットラーはまだ必死に優位を挽回しようと、ソ連への夏季攻勢——『ツィタデル』作戦の準備を進めていた。彼はクルスクの突出部に動員可能な機甲部隊の大半を集結させた。同じころスターリンの要請に応えるべく連合軍はヨーロッパ大陸に第2戦線を開くことを決定した。当時はまだフランス北部を攻撃するのは不可能だったため、北アフリカに集められていた部隊と装備を使ってヨーロッパの『柔らかな下腹部』とチャーチルが名づけたシチリア島を1943年7月に攻撃することが決定された。この上陸作戦——『ハスキー』作戦をうけてヒットラーがイタリアへの援軍派遣を急遽決定したため、クルスクの戦いの帰趨はその悪影響をまともに受けた。『ツィタデル』作戦が失敗した結果、ドイツ軍は東部戦線における主導権を失なった。

スターリングラードの敗北、アフリカからのドイツ軍撤退、そして最後にクルスクの敗北によってドイツ国民が抱いていたヒットラー不敗神話は打ち砕かれた。最精鋭のドイツ軍部隊の敗北は、それが無敵ではないことを示したのだった。これ以降ドイツ軍はおもに守勢に立たされた。

今や守勢にまわったドイツ軍の作戦では、もう電撃戦時の戦術は使えなかった。連合軍は大部分の戦線で進撃を開始し、戦略爆撃の実施回数を増加させ、その優勢がますます強まる一方、損害の回復——装備だけでなく生産施設も——が急務となり、ドイツ軍は多くの分野で変革を迫られていた。

第一の分野は機甲部隊の再編だった。その最高指導者は機甲総監ハインツ・グデーリアン上級大将だった。彼の最初の報告書で出された主な提案のひとつは、これまでの装甲車輌の生産比率——従来は戦車2輌に対して駆逐戦車1輌が作られていた——を逆転させることだった。 (32ページへ続く)

ハインツ・グデーリアン大将はドイツ軍機甲部隊の生みの親であり、陸軍の機械化を主張して戦車師団を創設した。彼は機甲部隊による攻撃ドクトリンと電撃戦を考案したひとりだった。スターリングラードの敗北とクルスク戦の挫折後、彼はドイツ軍機甲部隊を防御戦に対応させるための再編策の立案を強いられた。

『対戦車自走砲』の名に値する最初のドイツ軍戦闘車輌は制式名7.62㎝ PaK36(r)auf Fgst. Pz.Kpfw. II (sf)、別名Sd.Kfz.132だった。これは鹵獲されたソ連製の1936年型76.2㎜ F-22野砲を装備していた。本車は1941年12月20日付の兵器局命令によりベルリンのアルケット社が生産した。車台はクリスティー式懸架装置をもつII号戦車D/E型のもの。

7.62㎝ PaK36（r）auf Fgst. Pz.Kpfw.II（sf）はかなり車高が高く、戦闘室は開放式だった。本車の鹵獲F-22野砲はラインメタル=ボルジヒにより改修され、7.62㎝ PaK36（r）の名でドイツ軍に使用されていた。この砲はソ連軍の戦車に対して優れた装甲貫徹力を誇っていた。その後の1944年2月27日以降、II号戦車の車台を使用した対戦車自走砲はすべてマルダーIIと呼ばれるようになった（ヒットラーの命令による）。

II号戦車の車台への7.62cm PaK36（r）の取り付け。下部に車台へ砲架を固定するための機構が見える。

ソ連製の76.2㎜砲の在庫を使い切ったドイツ軍はII号戦車F型（Sd.Kfz.121）の車台に新型の75㎜ PaK40対戦車砲を搭載しはじめた。本車の制式名は7.5㎝ PaK40/2 auf Fgst. Pz.Kpfw.II（sf）ないしSd.Kfz.131だった。本車も車高が高く、戦闘室の上面と後面は無防備だった。その後本車はマルダーIIと呼ばれた。

II号戦車の車台に搭載された7.5cm PaK40対戦車砲。この砲はヘッツァーにも装備された。

マルダーIIは車高が高かったため、写真の車輌のように発見・撃破されやすかった。写真手前に転がるラックの砲弾が手つかずのようなので、本車は1発も撃たないまま破壊されたようだ。

ドイツ軍自走砲の車列、1943年。手前は7.5cm PaK40/2 auf Fgst. Pz.Kpfw.II (sf) で、7.5cm PaK40/1 auf Geschützwagen (GW) Lorraine Schlepper (f) (Sd.Kfz. 135) が2輌後続している。後者の武装も同じPaK40/1だが、フランス製のロレーヌ・トラクターの車台に搭載していた点が異なる。

ソ連製の鹵獲76.2㎜ F-22砲の在庫を利用した別の車輌、Panzerjäger 38(t) für 7.62㎝ PaK36(r) ないしSd.Kfz. 139対戦車自走砲。試作車はベルリンのアルケット工場で組み立てられた。本車は38(t)式戦車E型から砲塔と車体上面装甲板を取り去った車台を使用していた。その後本車の量産はプラハのBMM（Bömisch-Mährische-Maschinenfabrik＝ボヘミア・モラヴィア機械製造）（戦前の名称はČeskomoravská Kolben Daněk：チェコモラヴィア・コルベン・ダネーク）が量産を担当した。本対戦車自走砲はチェコの38(t)式戦車の後期型であるG型の車台を流用したものが194輌、H型車台のものが167輌生産された。乗員保護のために厚さ11㎜の装甲板が前面と側面の一部に設けられた。

実戦におけるPanzerjäger 38(t) für 7.62 cm PaK36(r)。砲の上に急造の屋根が設置されているのに注意。本車は車高が高く、隠蔽が難しかった。

BMM工場の構内で撮影されたPanzerjäger für 7.5㎝ PaK40/3、別名Sd.Kfz.138 Ausf.H。鹵獲ソ連野砲の在庫がなくなると、1942年5月18日に帝国軍需相アルベルト・シュペーアは通達第6772/42号で7.5㎝ PaK40/3 L/46対戦車砲を38（t）式戦車の車台に搭載するよう命じた。本車の設計はアルケット社が担当した。量産はやはりプラハのBMMで行なわれた。本型は243輌が新規生産された。1943年にはさらに175輌の38（t）式戦車が実戦部隊から戻されて対戦車自走砲に改造された。乗員の保護用に厚さ15㎜の装甲板が前面と側面に設けられた。この対戦車自走砲は上面の一部も厚さ10㎜の装甲板で覆われていた。

BMM工場の構内で撮影されたPanzerjäger für 7.5㎝ PaK40/3、別名Sd.Kfz.138 Ausf.H。本車は先行型よりも車高が若干抑えられたものの、まだ背が高すぎた。エンジンは車体後部に置かれていた。車体後部には砲の重量も加わったため、懸架装置の故障が多発した。

車体銃の有効性がきわめて低かったため、本車では戦闘室に機銃架を追加して7.92㎜機銃（MG34ないしMG42）を装備することも多かった。

開放式戦闘室をもつ38（t）式戦車車台利用の対戦車自走砲の最終形態がこのPanzerjäger für 7.5㎝ PaK40/3、別名Sd.Kfz.138 Ausf.Mだった。本型でエンジンは車体中央部に、砲が後部に移動した。これにより車体の重量バランスが大幅に改善された。1943年4月から1944年5月までにこの対戦車自走砲は795輌生産された。装甲防御も改良され、車体前部の装甲板も改設計され傾斜角が17°から23°に増えた。有効性の低かった車体銃も最終的に撤去され、かわりにMG34ないしMG42などの7.92㎜機銃を戦闘室内に装備した。1944年2月27日以降、38（t）式戦車の車台を使用した対戦車自走砲はすべてマルダーⅢと呼ばれるようになった。

1942年から44年にかけてドイツ軍は本格的な駆逐戦車も多数開発していた。写真のヤークトパンター（Sd.Kfz.173）はパンター（Ⅴ号戦車）の派生型で、戦車型と並行して開発された。設計は1942年8月3日に陸軍兵器局の命令で開始された。完成した車輌は重量が45トンと大きすぎたため、BMMやシュコダの工場では生産できなかった。

強力な武装を装備したヤークトティーガー（Sd.Kfz.186）。本車はⅣ号戦車B型ケーニヒスティーガーの車台を利用していた。試作車は1943年10月に完成した。量産型の重量は75～6トンもあり、BMMやシュコダでは生産できなかった。写真の駆逐戦車はアメリカ軍が鹵獲したもの。

Ⅳ号駆逐戦車（Sd.Kfz.162）はⅣ号戦車の車台を利用したドイツ軍の戦車駆逐車である。本型はおそらくBMMとシュコダの工場での生産も検討されていたと思われる。本車はヤークトパンターやヤークトティーガーに比べれば軽く、25トンだった。

連合軍の攻勢のため、対戦車大隊の再編成と部隊数の大幅な増加が必要になっていた。対戦車防御力の向上には被牽引式の対戦車砲を新たな生産比率——戦車1輌に対し駆逐戦車2輌——によって生産された突撃砲で更新することが不可欠だった。当時この種の自走砲は数種類存在しており、その多くの車台はⅢ号戦車（Ⅲ号突撃砲）やⅣ号戦車（Ⅳ号駆逐戦車）のもので、数千輌が短期間に配備されるという条件さえ満たせれば連合軍の攻勢を食い止めることも可能だった。ほかにも生産中の車輌として、特にマルダーⅡ（Ⅱ号戦車の車台を使用した自走砲）とマルダーⅢ（38（t）式戦車の車台使用）などがあった【原注1】。しかしこれらの増産は検討の結果、車高が高すぎ発見されやすい、乗員の防御が不足（これらの車輌は戦闘室の上面と後面が開放式）、携行弾数が少なすぎるなどの短所のため、全面的な設計変更がぜひとも必要とされた。対戦車自走砲マルダーⅡとⅢは大量に鹵獲された優秀なソ連製76.2㎜砲を流用することを大前提にしていたため、設計が急場しのぎ的だった。この砲は構造が単純だったおかげで製造費が安価なだけでなく、遠距離からでもT-34戦車を撃破できるほど強力だった。しかし攻守が入れ替わり、ドイツ軍の作戦が防戦一方となったため、砲の不足が顕著になっていたマルダーの有効性も疑問視されはじめていた。

ほかにも昼夜を問わない空襲——昼間爆撃はアメリカ軍が、夜間爆撃はイギリス軍が実施していた——が活発化していたため、装甲車輌生産施設の分散が緊急課題となっていた。1943年末までに連合軍爆撃隊はカッセルのヘンシェル社を手はじめにアルケット、ラインメタル＝ボルジヒ、ヴィマーグ、ベルリンのドイツ武器弾薬製造会社などの軍需工場に大規模な攻撃を加えていた。その結果各工場は生産高が低下したり、最悪の場合は操業停止へと追い込まれていた。このため生産施設の疎開が決定され、少なくともその一部が連合軍戦略爆撃機の航続距離外へ移転されたのだった。

原注1：これらの車輌には数多くの派生型があったため、その公式名称が単純化された。1944年2月27日にヒットラーはこの種の対戦車自走砲（開放型の戦闘室をもつもの）すべてについて、Ⅱ号戦車車台のものをマルダーⅡ（Marder=テン）、38（t）式戦車車台のものをマルダーⅢと呼称するよう命じた。

ヘッツァーの開発

Designing the Hetzer

1943年12月6日にヒットラーによって召喚された機甲部隊の専門家による会議で生産の重点を突撃砲に移すことが決定された。突撃砲の生産拠点として新たに選ばれたのはBMM——ボヘミア・モラヴィア機械製造（元ČKD、チェコモラヴィア・コルベン・ダネーク社）だった。しかしこの決定の実施にあたって問題が立ちふさがった。プラハにあった同社の工場にはすぐに生産を開始するのに必要な設備が整っていなかった。それにはすでに時代遅れになっていた生産ラインの近代化と組み立て施設の拡張が不可欠だった。だが最大の問題は工作機械に関するもので、特に天井クレーンと床の強度が10～12トンまでの車輌の生産にしか対応していなかった点だった。重量が倍の車輌を生産するには建物と工作機械を一新しなければならなかった。一方先述したようにドイツ軍が38(t)と呼んでいたチェコ製戦車の車台を使用した従来型の軽対戦車自走砲（戦車駆逐車）の設計は、もはや現在の戦闘に必要な条件を満たしていないと考えられていた。こうした状況のなかでBMM工場は全面新設計の軽対戦車自走砲の生産計画を提案したが、この計画は数ヵ月前から策定作業が進められていたため、かなりの段階にまで到達していた。敵の新型戦車との戦闘に有効で、かつ短時間で生産できる安価な近代的軽駆逐戦車を開発し、急ごしらえだった従来型を更新することは急務だった。この提案が承認されるまでには9ヵ月間かかったが、そこから生まれた設計案は従来型とは一線を画すものであり、これがもはや突撃砲ではない近代的駆逐戦車、38(t)式駆逐戦車ヘッツァーとなるのだった。終戦までに本車はドイツ軍歩兵師団の対戦車大隊の3分の1に配備された。

本車の設計原案は1943年12月18日に兵器局のシェーデ大佐に提示された。乗員4名の本車の重量は13トンと決定された。武装は7.5㎝ PaK39 L/48が予定された。マズルブレーキは装備しないとされた。前面装甲厚は60㎜だったが、車体後部の装甲板は歩兵火器や榴散弾から乗員を保護するのみとされた（厚さ10～20㎜）。予定最高速度は時速50～60㎞だった。

ドイツ側は1944年4月から月産250輌のペースでの量産を計画していた。兵器局兵器試験第6課のハンス・バーデル工学ディプロム［訳注：日本の学士より上で修士より下にあたるドイツ独自の学位］をリーダーとするチームが直ちに立ち上げられ、設計作業が開始された。計画全体の監督はベルリンのシェーデ大佐がザウエル局員とともにあたり、チェコ側の監督はアレクサンデル・ズーリン工学ディプロムだった。

設計は1944年1月8日に完了した。時間を短縮す

新型駆逐戦車の最初の木製モックアップ。Ⅳ号駆逐戦車に倣った戦闘室が改造された38(t)式戦車の車台に載せられている。その後のモックアップでは廃止されたマズルブレーキに注意。

合板製の別のモックアップの後部。サイドスカートが装備されているが、マズルブレーキはない。

るため38（t）式戦車の構成部品が流用された。先述したように装甲厚は前面が60㎜、後面が20㎜で、側面も20㎜、上面8㎜、車体底面10㎜だった。車体は溶接構造で、形状は量産が開始されたばかりだったⅣ号駆逐戦車に似ていた。武装は設計原案どおりだった。スペースが限られていたため、主砲はK・シュトールベルク技術中佐が設計したいわゆるカルダン砲架（自在継手式砲架）を介して搭載された。採用された機関は改良型の6気筒頭上弁式液冷プラガAE2800エンジンで、これはSd.Kfz.140/1偵察用戦車の試験で優秀な成績を収めていた。車体には元の38（t）式戦車よりも直径が拡大された改良型走行転輪が装着された。残念なことに設計者たちが計画原案の車輌重量を保てず3トン超過したため、本車の速度と走行性能は低下してしまった。開発を急いだせいで大きな見落としも発生していた。それは砲が前面装甲板の右寄りに位置していた点だった。このため装填手席が砲の左側だったにもかかわらず、砲自体は右側から装填する構造だったため、装填がしにくくなってしまった。この欠点は車体内部の狭苦しさとあいまって、発射速度と乗員の疲労度に大きな悪影響を及ぼした。それでも時間不足と開発の緊急性から計画はそのまま推し進められ、組み立てラインはまもなく稼働しはじめることになった。

1月24日に試作型の木製モックアップが完成した。2日後、トーマレ大佐をはじめとする兵器局の委員会が視察に訪れ、書類を検討した。最終的に設計案は承認され、工場は3月までにテスト用の試作車を3輌完成させるよう指示された。その後の生産計画の大枠も策定された。

月	予定生産数
● 3月	3
● 4月	20
● 5月	50
● 6月	100
● 7月	200
● 8月	300
● 9月	600
● 10月	800
● 12月	1000

兵器局はこの新型車輌にSturmgeschütz neuer Art mit 7.5㎝ PaK39 L/48 auf Fahrgestell Panzer kampfwagen 38（t）（38（t）式戦車車台に7.5㎝48口径PaK39を搭載した新型突撃砲）という制式名を与えた。だがこの名称は敵戦車の駆逐を目的に設計された本車にはそぐわなかった。最終的に9月にJagdpanzer 38（t）［38（t）式駆逐戦車］という新しい名称が合意された。軍の書類では本車はJagdpanzer 38（t） mit 7.5㎝ PaK39 L/48とされ、Sd.Kfz.138/2の番号も与えられていたが、兵士たち

駆逐戦車のモックアップ。前面装甲板の数字は装甲厚と傾斜角。

走行試験中のBMM製38式駆逐戦車321004号車。

EPA-AC2800エンジンを右から見る。排気マニホールドと吸気マニホールドがキャブレターに接続されているのに注意。

はこれにヘッツァー（勢子《せこ》＝狩りで獲物を追い立てる人）という愛称をつけた。

最終的に月産1,000輌をめざすという本車の生産計画が実現不可能であることはすぐに判明した。BMM工場にそれほどの生産能力はなかった。生産の一部をピルゼン［チェコ語名はプルゼニ］のシュコダ（Škoda）工場に割り振ることが決定され、生産ラインの立ち上げは1944年7月に予定された。ライセンス協定は1944年6月15日にシュコダ社の代表者と締結された。その内容はプラハとピルゼンの両組み立てチームは生産と将来の改良設計について共同で取り組むというものだった。計画の監督には兵器局とベルリンのアルケット社の設計部門があたり、各種の問題に最終判断を下すことになった。

生産は予定どおり開始された。BMMは最初の生産車を1944年3月に、シュコダは7月に送り出した。ピルゼンの工場は同年末までにプラハの工場に生産数で追いつこうとしていた。両工場は1945年3月までにそれぞれ月産500輌を達成することになっていた。ヘッツァーの生産には両主力組み立て工場以外にも数多くの中小企業が参加していた。ボヘミアとモラヴィア地方では316社が、ドイツ国内とその他の占領地域ではさらに117社が関与していた。これらの会社数は軍事的状況の変化によって大きく変わった。下請け会社のなかには連合軍の進出で接収されたり、戦略爆撃機の空襲にあったものもあった。生産拠点の分散と小規模下請け会社の多さが災いし、ヘッツァーの生産はなかなか進まなかった。戦局の悪化にともない生産数は大きく落ち込み、両工場を合わせて月産1,000輌という目標は達成できなかった。主な下請け会社には車体用の装甲板を生産していたヴィトコヴィス鉄工所、ブレスラウのリンケ＝ホフマン社、ハッティンゲンのルール製鋼、車体装甲板を溶接していたクラドノのポルディ製鋼などがあった。7.5cm PaK39 L/48戦車砲はラインメタル＝ボルジヒのウンターフュッセン工場とバート＝クロイツナッハのザイツ工業が製造していた。履帯はチョムトフやブルノのクラロヴォ・ポレなどの鉄工所で鋳造された。エンジンはプラガ自動車工業とムラダー・ボレスラフのシュコダ社から供給されたが、ウィルソン式操行変速機を製造していたのはプラガ社だけだった。

量産
Production

各組み立て工場は計画生産数にしたがい整然と定められた番号を車台に与えるよう通達された。BMMは1944年11月までに第1次生産分2,000輌を完成させるよう命じられ、それらには321001から323000までの番号が与えられた。次期生産分は325001から327000までとされた。シュコダには番号323001から325000までと327001から329000までが割り当てられた。1944年10月の命令により同社の担当分にさらに3,000輌が追加された。

321001から321003号までの最初の3輌のヘッツァーは3月末に組み立てられた。試作車の第1号はBMMのプラハ＝リベニュ工場で1944年4月1日に完成した。38(t)式戦車の構造を基にしていた車台には新型車輌の仕様にしたがって変更が加えられていた。接地性能の向上のために履帯の轍間距離は従来の1775㎜から2123㎜に拡大された。偵察用戦車（Pz.Kpfw.38（t）n.A.）の試作型用に設計されていた直径825㎜の新型走行転輪（元の38(t)式戦車では直径775㎜）も導入された。最初の3輌が引き渡されると、一連の試験が開始された。これには兵器局の代表者（バーデル、ザウエル、シェーデを含む）も参加した。徹底的な試験が進められていた間も、BMMは4月20日のヒットラーの誕生日にアリス演習場で開催される新兵器展示会に出展するために新たな車輌も組み立てており、その結果20輌が展示された。小型で軽快な駆逐戦車は総統に大きな感銘を与えた。こうしてヘッツァーの生産計画には

クラドノのポルディ工場における車体組み立ての様子。

溶接が完了した車体はクラドノのポルディ工場から鉄道で輸送された。

総統からの強い後押しが加わった。展示会に参加した車輌はその後工場に戻され、最終艤装が行なわれた。そのうちの1輌（321023号）は正式なお披露目式後、試験のために国防軍に引き渡された。

最初の35輌の生産車は技術試験、実戦部隊試験と乗員訓練のために引き渡された。14輌が戦車猟兵補充大隊――Panzerjäger-Ersatz-Abteilungen――に、7輌がミロヴィチェの戦車猟兵学校に、残りの

組み立てラインの様子。ラインメタル＝ボルジヒ製の7.5㎝ PaK39 L/48戦車砲の取りつけを待つ完成間近の車体。本車には二色迷彩がほどこされている。

1944年6月末にBMMで生産された車輌。ダークイエローの単色塗装は初期生産車だけに見られた。車体上面に見える1枚式の車長用ハッチはヘッツァー初期型の特徴。

同車の別角度からの写真。走行転輪のボルトはまだ32本で、誘導輪の軽め穴は12個。

同じヘッツァーの正面。大型の防盾に注意。

14輌が陸軍の研究機関へ送られた。その内訳はクンマースドルフ5輌、ベルカ3輌、ヒラースレーベン2輌、ベルゲン2輌、ヴュンスドルフ1輌、プトロス1輌だった。

当初BMM工場はヘッツァーを旧式なマルダーⅢ Sd.Kfz.138 M型と同じラインで並行生産していた。この状態は7月までつづいた。BMMの月産数報告書と合計生産数報告書には食い違いがある。それぞれには2047輌と2060輌と記述されているが、文献では前者の数字を採っているのが普通である。この数字にはヘッツァー改造の38式戦車回収車とヘッツァーの発展型シュタールも含まれている。

シュコダでの生産は当初官僚主義的な性質の問題に直面した。作業の開始には多くの部局の判断を仰がなければならなかったため、量産の許可が下りるまでに遅滞が生じた。こうした困難な状況にもかかわらず、チェコ人たちはピルゼンで最初の10輌を計画どおり1944年7月末までに完成させた。シュコダは生産数を徐々に上げる一方で、フラデツ・クラーロヴェー市近郊のラドツィチェ町に新たな組み立てラインを立ち上げようとしていた。しかし同地での生産がようやく開始されたのは1945年3月のことで、しかもこのラインで作られたヘッツァーの大部分はピルゼンやプラハ市スミチョフの工場での仕上げ作業が必要だった。興味深いことに装甲板の溶接を担当していたラドツィチェの組み立てラインは地下に設けられていた。

当初ピルゼンで組み立てられた駆逐戦車は、東部戦線または陸軍の戦車集積所のあったグラーフェンヴェールに送られた。この町のみから本車は東西戦線の実戦部隊へ送られた。戦時中にシュコダ社が生産したヘッツァーの総生産数は780輌の可能性が高

BMM製の初期型ヘッツァーの上面。機関室上面にはまだ小ハッチ群がなく、予備履帯が右下隅に取りつけられている。写真の型のマフラーは噴出する排気ガスが目立ち、戦場で車輌と乗員が発見される危険性が高かった。

い。大戦最後期に組み立てと艤装が完了した本駆逐戦車の正確な数はいまだに不明で、しかも生産自体が公式に終了したのはドイツの降伏から数日後なのである！

両製造工場におけるヘッツァーの月別生産数は表1に示した。

第三帝国の深刻な物資不足にもかかわらず38式駆逐戦車の生産はつづけられていたが、部分品の納入は不定期かつ数量も足りなくなり、その結果組み立てラインが停止することもあった。大きな損害を出していたドイツ本土に比べれば、ボヘミアとモラヴィアの保護領ははるかに平穏だった。両工場は徐々に生産数を増やし、434輛の駆逐戦車がロールアウトした1945年1月にピークを迎えた。2月と3月にはこの数字はそれぞれ398輛と301輛に落ち込んだ。シュコダ工場は1944年12月20日に爆撃された。損害は比較的軽かったものの、これは来るべき災厄の前触れでしかなかった。1945年3月25日にはBMMを悲劇が襲った。連合軍爆撃機から投下された375トンもの爆弾によりヘッツァーの組み立てラインが破壊され、焼け跡から回収できた駆逐戦車はわずか61輛だった。生産拠点を効率の低かったスラニー市の生産ラインに移すことが決定された。4月に85名のBMM社従業員が兵士らとともにミロヴィチェの訓練施設に移動し、組み立て作業の仕上げをすることになった。BMM社の資料によれば4月から5月初旬までに70輛が完成したが、うち15輛がスラニーで、10輛がリベニュ町で作られた。BMMに対する空襲はシュコダ工場にも衝撃を与えた。いくつかの部分品の不足により生産は4月上旬まで停止してしまった。これはその後回復されたものの、部分品の供給はその後も不安定なままだった。それから間もない1945年4月25日にシュコダ工場も大損害を受けた。198機の米軍爆撃機編隊が100トンもの爆弾を投下し、工場を瓦礫の山に変えてしまった。それ以降同工場は戦車を1輛も完成できなかった。しかしながら興味深いことに、生産が公式に終了したとされているのは5月18日であり……ドイツの降伏後なのである。

車輛の完成後にはヘッツァーをすみやかに前線部隊に導入するという新たな問題が控えていた。ドイツ軍はこの新型車輛の導入を画期的にスピードアップできる興味深くかつ効果的な方法を編み出した。1944年末、新型駆逐戦車への搭乗が予定されていた戦車兵たちはミロヴィチェの施設で訓練を受けていたが、同所では光学装備品、無線機、武装などの車輛への最終取りつけも行なわれていた。その前に戦車兵たちはまずBMMの組み立てラインに行き、組み立て作業や前線から戻された車輛の修理にも参加した。こうして彼らは車輛の取扱法を習得するだけでなく、工場で人手が不足していたときには製造工程にも参加したのだった。平均的な補助班の構成では7名のドイツ人職工長が60名の兵士を監督していた。

本駆逐戦車1輛の価格は54,000ライヒスマルクだった。Ⅳ号駆逐戦車と比べるとヘッツァーの価格はほぼ半額で、同一の武装とほぼ同等の装甲防御力を備えているにもかかわらず製造に必要な資材も約半分だった。

アードルフ・ヒットラーが7.5cm PaK39 L/48を主武装としていたⅣ号駆逐戦車（この車輛は当時804輛が完成していた）の生産停止を1944年9月に決定したのには、この差も影響していた。

表1. 両製造工場におけるヘッツァーの月別生産数

年月	BMM生産数	シュコダ生産数	部隊引き渡し数
1944年3月	3		
1944年4月	20		
1944年5月	50		22 ①
1944年6月	100		8 ②
1944年7月	100	10	119 ③
1944年8月	150	20	127
1944年9月	190	30	125
1944年10月	133	57	161
1944年11月	298	89	274 ④
1944年12月	223	104	309
1944年合計	**1267**	**310**	**1145**
1945年1月	289	145	401 ⑤
1945年2月	273	125	277
1945年3月	148	153	451 ⑥
1945年4-5月	70	47	200 ⑦
1945年合計	**780**	**470**	**1329**
1944～45年総生産数	**2047**	**780**	**2474**

①兵学校および兵器試験第7課での試験用車輛
②訓練および試験用
③戦闘部隊へ40輛、試験と訓練用に29輛
④11月と12月に計77輛が部隊へ補充として引き渡された
⑤うち25輛がハンガリーへ、36輛が補充に、14輛が訓練中隊へ
⑥20輛がミロヴィチェの訓練中隊へ
⑦これらのうち5月生産分である3分の1が未完成だった

『光と影』迷彩をまとった38式駆逐戦車ヘッツァー初期生産型。BMMで塗装された三色迷彩はスプレーガンとステンシルを使用していたことがわかる。Fu5無線機のアンテナが1本側面装甲板に取りつけられている。その側らにFu8用のアンテナも1本あるが、装甲板にはそれ用の取りつけ部は見当たらない。本車には装甲スカートもボルト止めされていない。

1944年8月にBMM工場で製造された駆逐戦車の後面。機関室を覆う装甲板は傾斜角70°、厚さ8㎜だったが、戦闘室上面と並びヘッツァーでもっとも脆弱な部分だった。車体のこの部分への被弾は乗員には致命的だった。写真の車輌はマフラーに火傷防止用の金網がついていない。

走行試験中の試作1号車。本車は7本のボルトで固定される大型砲架カバーと旧型牽引フックを備えている。左側面装甲板に大型のソケットが見えるが、これはおそらく指揮戦車に追加装備されるFu8無線機のアンテナ用だろう。

4月に製造された車輌は陸軍の試験施設や予備戦車部隊でテストされた。こうした試験で明らかになった数々の欠点は後期型で改められた。写真はラインメタル＝ボルジヒ製のPaK39 L/48戦車砲をテストする戦車兵。

設計の改良

Design modifications

　訓練部隊と特にヘッツァーを運用する前線部隊から集められた試験結果と経験から、いくつかの設計改良が行なわれた。それらに大がかりものはなく、大半は本駆逐戦車の戦闘能力の向上をめざすものだったが、経済上のものもあり、これはドイツでその種の問題が深刻さを増していたためだった。それが試験結果からのものでも前線戦車兵の指摘によるものでも、設計変更には必ず兵器局の承認が必要だった。兵器局の承認が得られても製造工程が実際に変更されるまでには通達の日付から遅れが生じることも多かったため、取りつけを控えていた旧式の部品を結局在庫がなくなるまで使うこともあった。時間が経過するにつれ38式駆逐戦車は計画案や設計変更の実施が怪しくなり、シュコダ製とBMM製の車輌を区別するのは不可能ではないものの困難になった。そのためどのような変更がいつ実際に導入されたのか、あるいは計画のみに終わったのかが不明なことも多い。

　対策が望まれる技術的問題でもっとも緊要だったのは車輌の重量超過だった。車台が元々重量10トンの戦車用だったにもかかわらず、設計者は車重を計画の13トンに収めきれず、最終的に16トンに増加させてしまった。さらに重量配分にも偏りがあった。ヘッツァーの前部は重すぎたため、旋回性能に問題が生じた。その結果起動輪の磨耗が激しくなってしまった。この問題を解決するべく設計者たちは車体前部の重量軽減に取り組んだ。軽量化した前面装甲板を装備するという、とんでもない案も出された。これは構造強度的な視点から重要度の低い部分に軽め穴をあけ、そこを厚さ5㎜の装甲板でふさぐというものだった。この案は承認され、22輌の『軽量装甲型』ヘッツァーが実際に完成したが、実戦への投入は失敗に終わった。正面防御力の減少に

6月生産分のヘッツァーは前部がやや重量過大だった。そのため後部よりも約10㎝沈み込んでいた。その後の生産分では軽量型の防盾を装着し、サスペンションを改修することでこの短所が改められた。本期生産分の車輌は第731および第743軍直轄戦車猟兵大隊に配備された。

38式駆逐戦車にはMG34機関銃が1丁装備されていた。8月生産分の車輌にはすでにルントウムフォイアー（全周射撃）銃架の最終型が装備されていた。機銃の前方に見えるのはSfl ZF1a照準器。

上方から見た同じ車輌。戦闘室上面装甲板にある3個のソケットは、吊り上げ能力2トンの折りたたみ式クレーンを取りつけるためのもの。上面装甲板の取りつけボルトがよくわかる。側面の装甲スカートには傾斜角がない。1944年9月以降、これらは悪路走行時の脱落を防ぐため内側に傾けられた。

よる戦闘損失がひどすぎ、この解決法は直ちに中止された。生き残っていた車輌はすぐに戦闘不適とされ、おそらく訓練部隊にまわされたのだろう。

車体前部の重量軽減は防盾を徐々に小型化し、同時に形状も変更することで若干達成された。ヘッツァーの生産期間中、砲架まわりは5回変更された。猪頭形防盾（ザウコップブレンデ）と前面装甲板取りつけフランジ部の両方に改修が加えられた。砲架防御部まわりの手直しは1944年8月までつづき、ようやく初期型よりも生産が容易で安価な最終形状が承認された。

走行特性を改善し、重すぎる前部重量を支えるため、9月に前部板バネの厚さを16枚とも9㎜にすることが決定された。後部板バネは無変更とされた（16枚とも7㎜厚）。この改良でもう車体が前傾することはなくなった。車体前部の重量を軽減し、車輌の走行性能を大幅に改善する新たな改善策が1945年1月に導入された。起動輪外周の歯数が12から10に減らされ、内周部の歯数も88から80となった。これにより起動輪の磨耗はかなり改善された。

操縦手の前方視察窓も変更された。当初これは前面装甲板の鋼製カバーの下に並べて設置された2個

ヘッツァーの正面。大型の防盾のために車体前部の重量が過大になったため、生産期間中に軽量化が何度も行なわれた。本車にはすでに小型防盾が使用されている。発砲の反動を車体で受け止める方式のため、マズルブレーキの取りつけは見送られた。

試作車の1輌を後方から見る。本車のマフラーは保護金網つきの最初期型。試作車と同じく初期型車輌には整備用ハッチが少なく、エンジンや補機類へのアクセスが不便だった。

同じ試作車を側面から見る。本車には機銃架がない。起動輪は精緻なデザインの初期型で、これはその後簡略化された。走行転輪はボルトが32本でゴム製リムが太いタイプ。

BMM製11月生産分ヘッツァーの後部。小型ハッチにより燃料注入口へのアクセスが容易になり、機関室上面後部にファン用の金網部が設けられた。10月に新型の消炎型マフラーが導入された。本車には牽引ケーブルが搭載されていない。また非常用手動始動装置の蓋も取れている。

このヘッツァーの大型のザウコップ防盾は側面に『角ばった』盛り上がりがある。生産の進行にともない、軽量化のためにこのタイプは使用されなくなった。

の反射鏡式ペリスコープからなっていた。だが残念なことにスリットの視野角設定がまずく、操縦手がそこから撃たれる可能性があった。実戦経験からこの欠点はすぐ明らかになったが、このせいで負傷または戦死した操縦手は多かった。苦い戦訓から鋼製カバーは鋳造製の保護部品に変更された。新型のカバーは雨水の浸入と日光による眩惑も防いだ。

生産工程の簡略化のため、もっとも目まぐるしく変更されたのは誘導輪だった。当初これには12個の軽め穴が開いていたが、改良型では8個に減らされ（穴径は拡大）、補強リブが穴のあいだに溶接された。さらにその後導入された型では穴は6個になり、リブも廃止された。最終型ではさらに直径の大きな穴が4個だけとなった。

生産が進むにつれ、車体にもいくつかの変更が加えられた。資金的な理由から走行転輪のゴム製リムが薄くされた（当時ドイツではゴムが不足していた）。その結果、全体の寸法を変えないために転輪の金属部分の直径が代わりに拡大された。次に組み立て方法が32本のボルト止めから16本のリベット固定に変更されたため、転輪ボルトが走行中に脱落することがなくなった（それが原因で足まわり全体が破損した例も数件あった）。この変更が導入されたのは1944年10月だった。

戦訓からマフラーも変更された。最初のものは円筒形で後部装甲板の下端に横向きに取りつけられ、火傷防止カバーつきのものもあった。10月から使用された新型は短くなり、機関室上面装甲板に斜めに取りつけられ、消炎ダンパーつきの円筒形カバーが装着されていた。

1944年末に完成したヘッツァー。本車は新型マフラーを装備し、機関室上面ハッチの数も増えている。本車は初期型のリブつき誘導輪を装着している。

携行弾数が少なかったため、1944年11月にさらに5発を搭載できるよう改修が加えられた。搭載スペースは予備の光学装備品収納箱（覗察スリット用の防弾ガラス、レンズ、機器部品用）を装甲板の右寄りに移動させることで確保した。携行弾数が増加したにもかかわらず、乗員たちは弾数の少なさにまだ不満で、狭い戦闘室にさらに多くの砲弾を自分らで勝手に詰め込んでいた。

ほかにも細かい改修が行なわれた。1944年4月には牽引リングが変更された。丸穴式の新型のものは頑丈な作りで強度が向上していた。生産開始からまもなく機関室上面にハッチが増設され、エンジン冷却系統機器へのアクセスが格段に容易になった。その後ハッチの把っ手位置も変更された。BMMとシュコダで生産された車輌とでは把っ手の位置が異なっていた。さらに燃料注入口が改修されたが、これは給油時間を短縮するためだった。また砲手の視界を広げるため、機銃の防弾板が小型化された。MG34の操作ハンドルも当初のものは操縦手の邪魔になったため短くされた。6月に上面装甲板に3個のソケットが追加されたが、これは吊り上げ能力2,000kgの折りたたみ式クレーンの取りつけ用だった。この装置により車輌の重量部品（主砲やエンジンなど）を戦場でも容易に交換できるようになった。1944年9月には厚さ5㎜の側面装甲スカートの取りつけ法が変更された。下端が車体寄りになるよう角度がつけられ、障害物にぶつかってちぎれることが減った。装甲板にはリング状の固定具が多数溶接され、植物で擬装する場合にワイヤーを通すのに使われた。生産工程の簡略化のため、装甲板のエッジの研削処理も省略された。

細かい改修は車体内部でもあった。いくつかの装置が変更され、凍結防止のために保温装置がバッテリーに追加された。エンジンの水ポンプも改良された。防火壁にはダクトが設けられ、戦闘室に暖気を導入できるようになった。信頼性の低い電動燃料ポンプは手動式のソレックス型に交換された。各ハッチの内側にはパッドだけでなく把っ手も追加され、車輌の出入りが楽になった。

ヘッツァーの技術的要目

Technical description of the Hetzer

■車体

ヘッツァーの車体は厚さの異なる平面装甲板を溶接した密閉筐体構造だった。車体底面は厚さ10㎜の底板でふさがれ、3個の穴が開口されていた。小判形をした第1の穴は戦闘室の下に位置し、内側からロック可能な脱出ハッチが設けられ、これは緊急時には車外に投棄された。それ以外の2個の長方形の穴は車体後部左右の燃料タンクの真下に位置していた。これらは外縁部に並ぶボルトで底板に固定される薄い鋼鉄板で蓋をされていた。これらは意図的に薄くされ、燃料タンク爆発時には吹き飛んで爆圧を車体下方に逃し、戦闘室への被害を大きく低減するようになっていた。底板の周縁部には立ち上がり部が15°外側に傾斜した厚さ20㎜のアングル材が固定されていた。機関室の後面板も厚さは同じで、内側へ15°傾斜していた。その中央には丸い開口部があり、ファンカバーがボルト止めされていた。履帯の上方には厚さ8㎜の装甲板がアングル材を介して側面装甲板に水平に溶接されていた。その上方は45°内側へ傾斜した厚さ20㎜の側面装甲板だった。これは戦闘室の側面部では完全に左右平行だったが、車体後半部では尻すぼみになっていた。38式駆逐戦車の車体前部は上下2枚からなる厚さ60㎜の装甲板製で、その強度は105kgf/㎟だった。下部装甲板は外側に35°傾斜して車体底板に溶接され、上部装

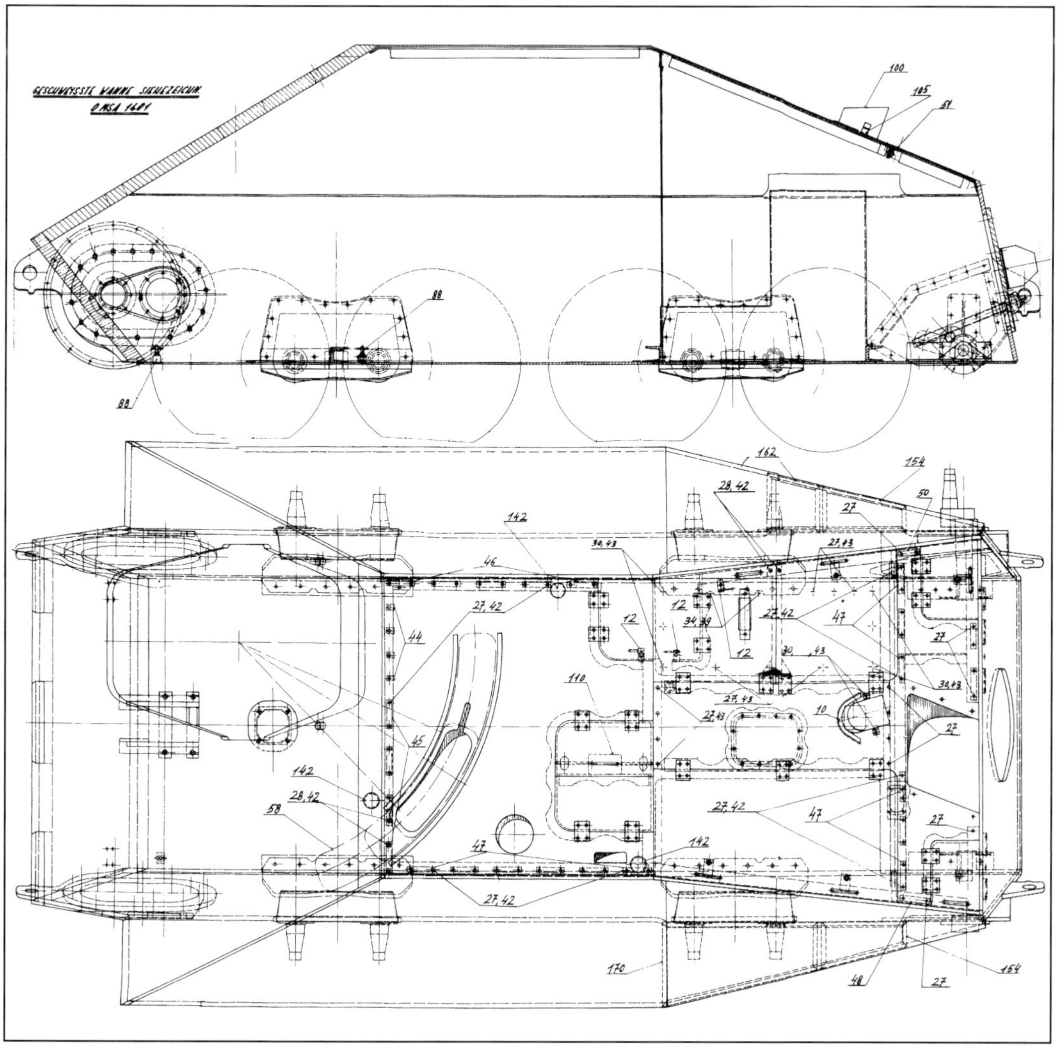

38式駆逐戦車後期生産型の側面および平面図。図面からハッチの位置と取りつけ方法、戦闘室上面装甲板を固定するボルトがはっきりわかる。誘導輪基部にある履帯張度調整装置の仕組みも一目瞭然。

▼車体の可動部品──ヘッツァー後期型の蝶番式またはスライド式ハッチ。

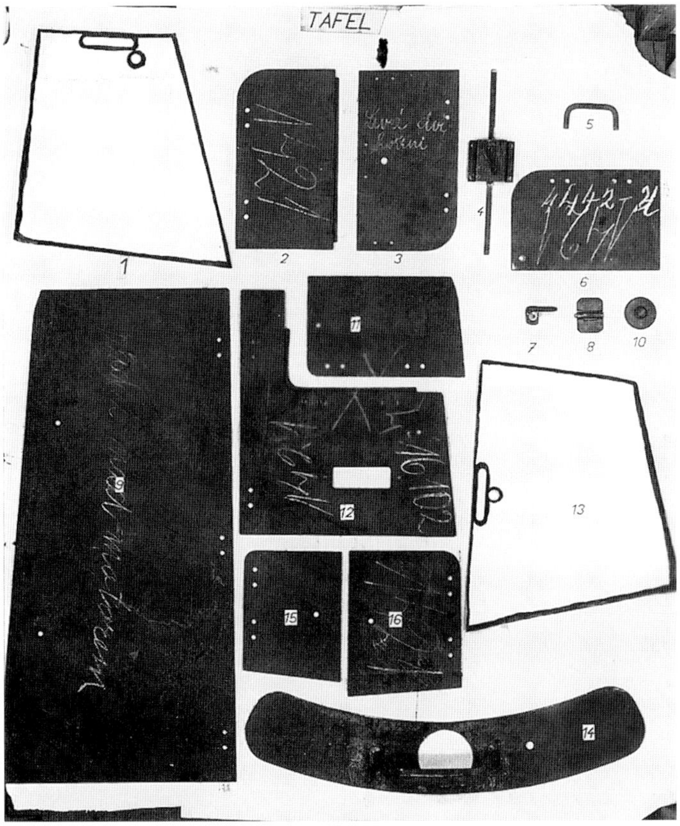

▼機関室上面装甲板の部品。2：予備履帯がつくこの板の下にエアフィルターが位置する。3：車長用ハッチの後半部。4：後方覗察用ペリスコープはこの板の開口に取りつけられた。

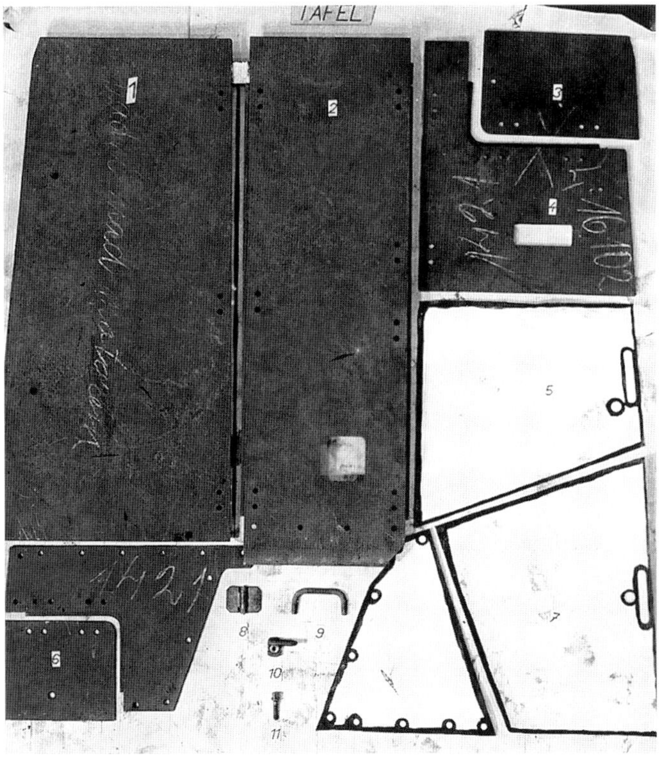

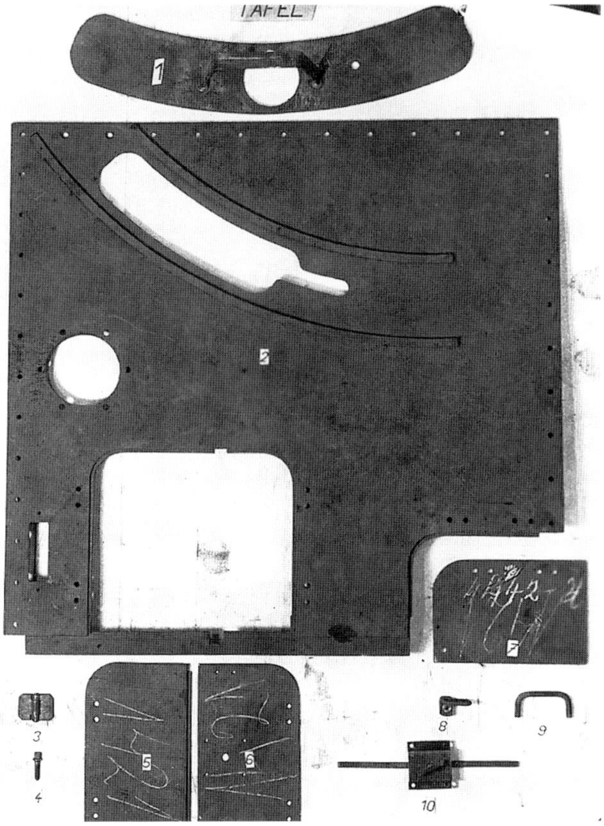

▲厚さ8㎜の戦闘室上面装甲板と可動部品。1：砲手用ペリスコープハッチの開口部を覆うスライド式ハッチ。この装甲板は2トンクレーン取りつけ用ソケットが未装備。5と6：ロック機構（10）つきの2枚式砲手用ハッチ。7：車長用ハッチの前半部。

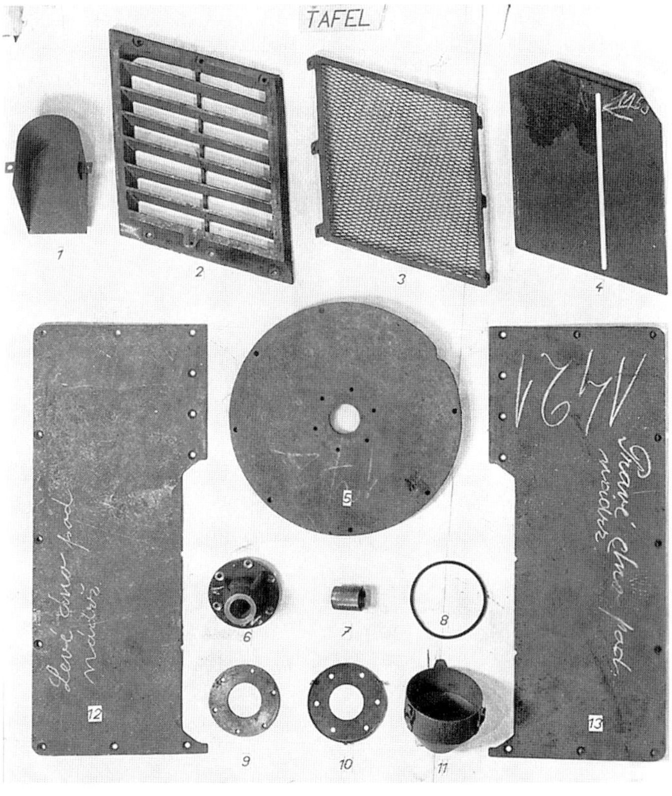

▲機関室カバー類。2：空気取り入れ口カバー。3：空気取り入れ口保護金網。4：空気流量調整板。5：ファンの外部カバー。6〜11：非常用エンジン車外始動装置の軸受け部品。

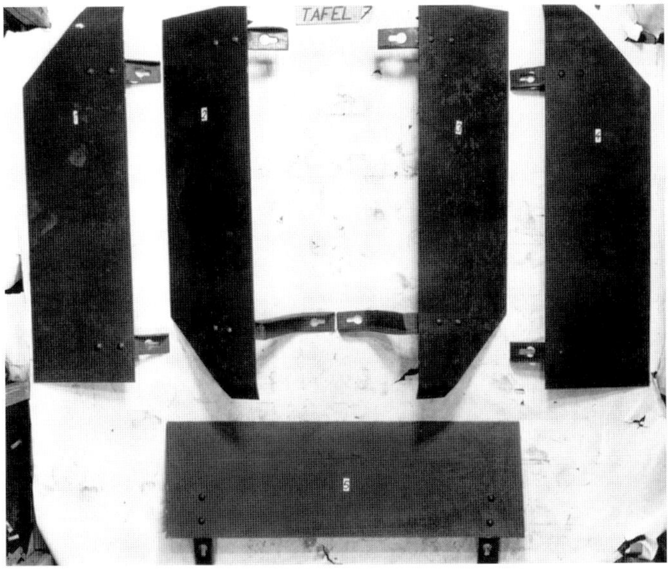

▲側面装甲板にボルト止めされたサイドスカート。履帯の上部を保護するため厚さ5㎜の板が車体両側に取りつけられていた。

▲前部および後部泥よけ。11：前部泥よけ、ジャッキ台取りつけ用の蝶ネジがある。後部泥よけには装備品の取りつけ用金具が見える。

甲板は内側へ60°急傾斜していた。上部装甲板の右側には主砲用の開口があり、左側には操縦手用視察窓の狭い開口があった。機関室は車体後部に位置し、垂直軸に対して70°傾斜した厚さ8㎜の装甲板で覆われていた。これはボルトで側面および後面装甲板に取りつけられていた。後部上面装甲板には2枚の長方形ハッチがあり、エンジンにアクセスできた。その下方にはまだ機関室部分にもかかわらず保護金網つきの菱形開口部があり、空気取り入れ口になっていた。その両側には燃料注入口と冷却水注入口用の小さな開口部があった。戦闘室上面には厚さ8㎜の装甲板が水平にボルト止めされていた。これは前部以外の装甲板と同種の鋼板だった。その強度は80～85 kgf/㎟ だった。2枚式の車長用ハッチの後半部は機関室上面板の上端右側に位置していたが、戦闘室上面板にあった前半部には車長用ペリスコープが突き出されるのが普通だった。上面板の左後端には2枚式の砲手用ハッチがあった。このハッチの前方には照準器用の開口部があり、砲の旋回にしたがって動く金属製スライドカバーで覆われていた。すべてのハッチには別材の硬化鋼製の縁取りがつけられていた。車体の前後には側面装甲板を延長して設けられた牽引リングがあった。これらは当初車体の前後部の装甲板に溶接されていた牽引フックの代わりだった。さらに厚さ5㎜の装甲スカートが上部履帯と支持輪を防御するため側面装甲板にボルト止めされていた。この前後には軟鋼製の泥よけが取りつけられていた。

■懸架装置

車体両側の懸架装置は4個の走行転輪、前部の起動輪、後部の誘導輪、履帯に加え、中央で履帯を支える支持輪1個で構成されていた。懸架装置は車体の底面および側面装甲板にボルト止めされていた。

車体前部の両側には起動輪の車軸用と駆動軸用の

開口が2個開いていた。これらの開口部は小判形の金属製カバーで覆われていた。起動輪内側の内周には88枚の歯があり、12枚歯の駆動軸（6型操行変速機）と噛み合うようになっていた。これは1945年1月には走行性能を向上させるため6.75型に変更された（駆動軸歯数10に対し起動輪内周歯数80）。

車体後部の両側には誘導輪軸用の開口が1個開いていた。ここには履帯張度調整装置が設けられ、調整範囲は165㎜だった。調整はレンチで操作ボルトを回してからピンを挿してロックした。操作ボルトは機関室後面両側にある調整装置の後面にあった。誘導輪の直径は535㎜だった。その形状は製造工程の簡略化のため6回変更された（軽め穴の直径と数が変更された）。

溶接構造の走行転輪取りつけ基部は車体の側面板と底板にボルト止めされていた。車体の両側面には1対の転輪アームをもつ基部が2組取りつけられていた。各転輪アームには直径825㎜（ゴム製リム含む）の走行転輪が取りつけられていた。使用された走行転輪は2種類あった。初期型にはリム部を固定するボルトが32本あった。後期型ではボルトは16本のリベットに変更された。転輪はプレス加工された厚さ6㎜の装甲板製だった。使用されていたボールベアリングは大半がスウェーデン製だった。基部に取りつけられた1対の転輪アームは、16枚の厚さ7㎜の板バネでできた弓形のリーフスプリングで上端を接合された。1944年9月に過去の経験から前部の板バネの厚さが9㎜に変更されたが、後部の板バネは従来どおり7㎜のままとされた。

両側面の中央部、2対の走行転輪のあいだには履帯を支える支持輪が取りつけられていた。直径は220㎜でゴム製リムがついていた。当初支持輪はボルト止めされていたが、接合部のボルトが脱落して懸架装置全体を破損する危険性があったため、ボルトはリベットに変更された。

38式駆逐戦車ヘッツァーが使用していた履帯は38(t)式戦車や同車の車台を利用した車輌で実績があった型とほぼ同じものだった。そのKgs35/ 140型履帯はマンガン鋼製の小型リンクを乾式シングルピンで連結していた。装着時の履帯接地長は3020㎜で、ピッチは104㎜だった。本車には38(t)式戦車（履帯幅350㎜）よりも幅広の履帯が装着され、

▼起動輪まわりの部品。
1と2：穴が2個ある起動輪取りつけ基部。前方の穴が起動輪の車軸用で、後方のものが駆動軸用。
3：起動輪取りつけ基部蓋。
4：外周歯数20の起動輪。
5と7：起動輪の構成部品。

◀ 誘導輪と履帯張度調整装置の構成部品。

▲16本リベット固定式でゴム製リムの細い走行転輪。
支持輪は車体にリベット固定されていた。

▼サスペンション構成部品。前部の板バネは厚さ9㎜のもの16枚だったが、後部の板バネは厚さ7㎜だった。　1：転輪アーム取りつけ基部。

重量が増大した本車の接地圧を軽減していた。履帯は初期状態では片側96枚で構成されていた。履帯は強化鋼製のピンで連結され、ピンの両端には溝にスプリング固定ピンがはめられ、抜け落ちるのを防いでいた。冬季には履帯拡幅用の延長具、オストケッテつきのものが使用された。延長部は履帯に固定されており、雪上走行性能を向上させた。オストケッテにより履帯幅が90㎜増大するとサイドスカートと干渉したため、使用時にはスカートは取り外された。

■機関

本車の機関は液冷4ストローク・キャブレター式頭上弁型直列6気筒のプラガAC2800エンジンだった。これはマルダーⅢとグリレに使用され実績を確立していたプラガACの改良型だった。

排気量7754cc、シリンダーは内径110㎜、行程136㎜で圧縮比は6.5だった。BMM社での試験では本エンジンは毎分2,800回転で200馬力を発揮したが、この出力では消耗が激しいため実用では2,500～2,700回転で160馬力（118kW）に制限された。プラガAC2800には2基のソレックス46FNVPダウンドラフト・キャブレターが取りつけられていた。シリンダーブロックは鋳鉄製だった。タイミングギア装置つきのヘッドは上側からボルト止めされた。エンジンブロックが載るクランクケースは当初はアルミ合金製だったが、その後鋳鉄製になった。アルミ製ピストンにはシーリングリング3本とオイルスクレーパーリング2本が設けられていた。ヘッドのシリンダー弁はカム駆動されるプッシュロッドで開閉され、その動力はクランク軸から引き出されていた。鍛造製クランク軸は7個のスライドベアリングで支持され、ライナーは真ちゅう系のベアリング金属製だった。クランク軸は静止時も運転時も力学バランスが取れていた。点火順序は1－5－3－6－2－4だった。

エンジンは防振ゴムつきの6ヵ所の支持部を介して機関室の長手方向に設置され、左へ15°傾いていた。

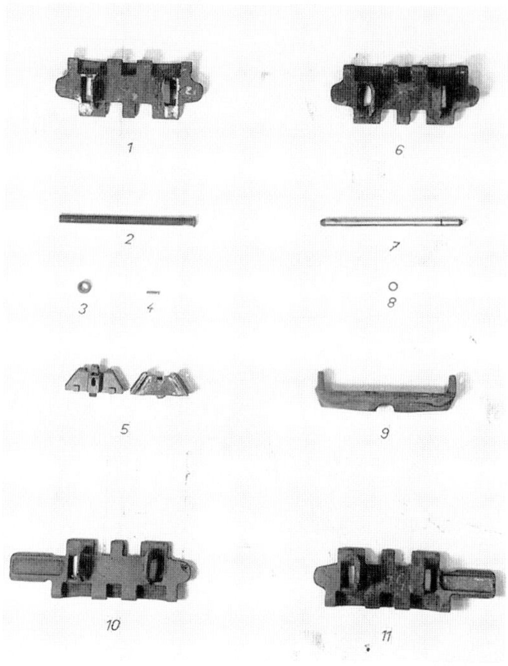

▲履帯の構成部品。1：Kgs35/140履帯。 2：履帯連結用の硬化鋼製連結ボルト。11：オストケッテ冬季用履帯。

排気部は機関室上面装甲板の上に位置し、これを貫通する装甲屈曲管とその先端にあるマフラーからなっていた。マフラーは車体後縁に平行かつ水平に取りつけられていた。後期型の車輌ではマフラーに火傷防止用の多孔金属板製カバーが追加された。前線では現地改造が頻繁に行なわれ、マフラーの排気口から出る炎を隠す屈曲パイプが取りつけられた。これにより敵航空機から発見される危険性が大きく減少した。

エンジンは乾式オイルパンから供給される加圧滑油により潤滑された。滑油はパンから滑油ポンプによって吸い上げられてから加圧されて潤滑系統に送り込まれた。ベアリングを潤滑したのち滑油はパンに戻った。別のポンプがこれを溝の開いた板を通じて滑油タンクに排出した。潤滑油系統全体の容量は24リットルだった。

74オクタン価のOZ74有鉛ガソリンは2基のソレックスキャブレターでエンジンに供給されたが、これには48㎜のベンチュリ管が組み込まれていた。低温時にはキャブレターは排気ガスで加熱された。左燃料タンクから両キャブレターへの燃料移送にはダイヤフラムポンプが使用されていた。キャブレターは分岐した給気マニホールドに接続され、その途中には遠心式弁が2個あり、エンジン回転数を制御した。空気は履帯上方の装甲板水平部にある開口部から取り入れられた。取り入れ口の内側には金網が張られ、大きな異物の吸入を防いでいた。湿式の2連エアフィルターがエンジンを塵から保護していた。路上走行時の燃料消費量は100㎞あたり180リットルで、路外走行の場合は約250リットル/100㎞だった。燃料は機関室内のエンジン両側に設けられた2個のタンクに収められていた。安全のため燃料タンクは厚さ5㎜の装甲板でできた箱のなかに収められていた。左タンクの容量は220リットル（予備40リットルを含む）で、右タンクは100リットルだった。予備燃料には専用の燃料計が設けられていた。これが使い果たされると、燃料は右タンクから左タンクへ移送された。

ボッシュ製の電装品には永久磁石式発電機2基、300W点火プラグ6本、電装系統の動力源となる12ボルトのGQLN300/12‐900オルタネーター、容量150Ahの鉛バッテリー、出力3馬力（2.2kW）のBPD3/12スターターなどがあった。バッテリーは左燃料タンク箱上の絶縁容器に収められていた。配線系統により照準器照明用ランプ、ノーテク管制灯、無線機、車内通話機、電磁着火式砲引金などが給電されていた。戦闘室内の照明も電気を利用していた。

▼ヘッツァーの心臓部、6気筒プラガAC 2800ガソリンエンジン。

◀後部から見たヘッツァーのエンジン。
発電機駆動ベルトがよくわかる。

▲クランク軸ブロックの構成部品。

◀左側から見たAC2800エンジン。蛇腹型フィルターと滑油パイプがよくわかる。燃料ポンプは燃料フィルターの横についた。

▼シリンダーブロック構成部品と蛇腹型フィルター部品。

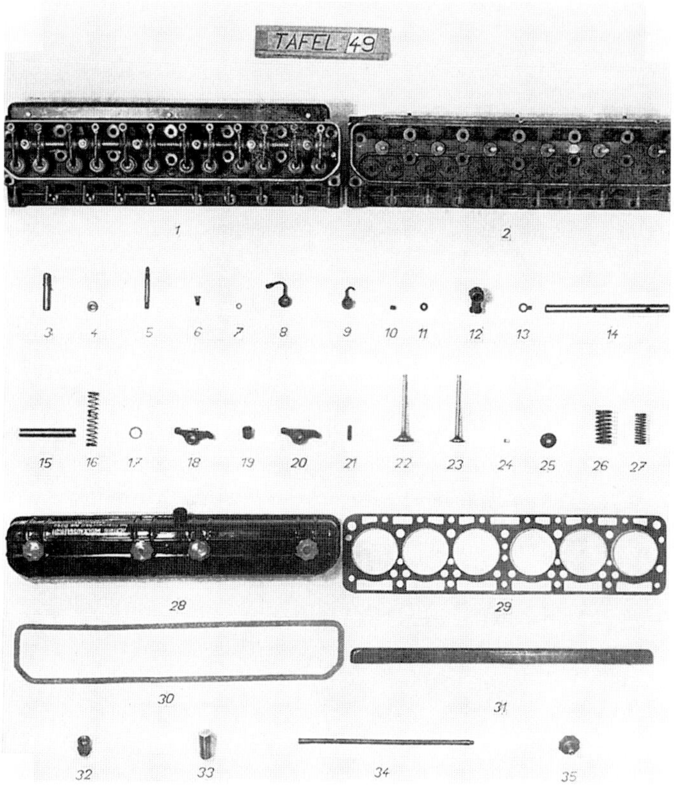

▲エンジンヘッド構成部品。1：弁を取り外した状態のヘッド。2：可動部品をすべて取り外した状態のヘッド。28：弁カバー。29：ヘッドガスケット。

▲2基のソレックス46FNVPダウンドラフト・キャブレター

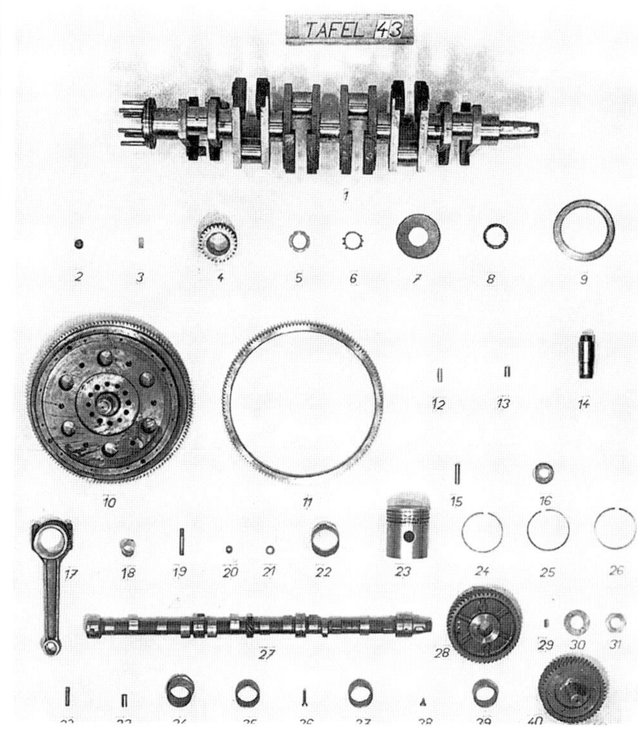

▲エンジン構成部品。1：クランク軸。10：はずみ車。11：はずみ車のリム。23：ピストン。27：カム軸。

電装系統が故障した場合、エンジンは車体後部の金属製ファンカバーに設けられていた機構を使って手動でも始動できた。この始動法にはクランク棒が使用された。この方法は戦闘室内からも可能で、はずみ車に内接する歯車に直結したクランクハンドルを回せばよかった。

冷却装置はラドティーンのフリーデル社製プレートクーラーを基にしていた。これは滑油冷却器とファンとともにエンジン後方に設置されていた。冷却装置は管と弁で構成された配管系統に接続されていた。冷却装置系統の容量は50リットルだった。ファンは円筒形カバーの内部で回転したが、これへのアクセスは後部カバーを開ければよかった。ファンはクランク軸の後端に接続された軸で駆動された。空気取り入れ口は金網で保護された菱形の開口部で、流量調整板がついていた。

ヘッツァーには遊星歯車シンクロメッシュ式のプラガ製ウィルソン操行変速機を装備していた。これは前進5段、後進1段だった。

ギア	減速比	速度［km/h］
1速	10.25	4.1
2速	4.08	10.3
3速	2.55	16.5
4速	1.60	26.2
5速	1.00	42.0
後進	6.88	6.1

前進1～4速と後進ではブレーキングはバンドブレーキで行なったが、5速でのブレーキングは円錐摩擦クラッチで行なった。

ギアの選択はクラッチペダルを踏み込むと同時にギアチェンジレバーを入れることで行なった。ギアチェンジは素早くスムースにでき、変速時に失われる車輌のエネルギーはごくわずかだった。走行中の変速機の温度は高くなるため、2基のピストン送油ポンプと変速機底部から滑油を回収する第3のポンプからなる滑油循環系統が装備されていた。変速機内の滑油は3リットルで、系統全体の容量は12～15リットルだった。変速機の前部は遊星歯車式の操行装置に結合されていた。操行は左右の駆動軸をブレーキで制動して行なった。左右のブレーキのあいだにはクラッチがあった。操縦手はブレーキとクラッチをレバーで操作した。

操縦手用の機器としては操縦席正面に設けられた制御盤もあった。制御盤にはライトスイッチ、変速機油圧灯、速度計、回転計、油圧計、冷却水温度計がついていた。

■無線装置

ヘッツァーは全車にFu5無線送受信機（Gerätensatz Fu5）が装備されていた。

装置の構成は以下のとおりだった。

- 10 W.S.c.（10 Watt Sender）送信機、出力10W。これはRP12 P35真空管3本とRP12 P4000真空管1本からなっていた。
- U.Kw.E.e.（Ultrakurzwellen Empfänger e）超短波受信機。これはRV12 P4000真空管7本からなっていた。
- Umformen EUaおよびU10変圧器。本車のバッテリーから無線機に給電していた。
- StabAt 2m（2m Stabantenne）、2mロッドアンテナ。
- ヘッドフォン、咽喉マイク、接続コード、モールス電鍵。

Fu5無線機の周波数帯は27.2～33.3MHzで、通信距離は音声が6.4㎞、モールス信号が9.4㎞だった。本機はテレフンケン製だった。送信機と受信機は後部防火壁の凹部に設置されていた。通信手席は砲手席の後ろに位置していた。通信手は無線機の操作のほかに砲の装填も行なった。通信文はモールス信号か音声で送信され、ヘッドフォンで聞き取られた。無線機に不可欠なアンテナは車体後部右側にあった絶縁基部に取りつけられていた。予備アンテナは車体側面の水平な円筒コンテナに収納されていた。

指揮戦車型（Gefehlspanzer 38）には上位の指揮系統との通信用にFu8（Gerätensatz Fu8）無線機も装備されていた。その構成は以下のとおりだった。

- Mw.E.c.（Mittelwellen Empfänger c）中波受信機。これはRV12 P2000真空管9本からなっていた。

▶排気マニホールド。

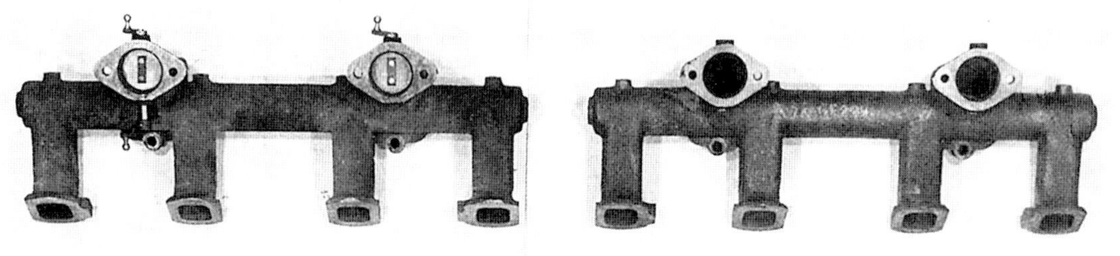

▶吸気マニホールド。左側のマニホールドはキャブレター・スロットルが閉じている。

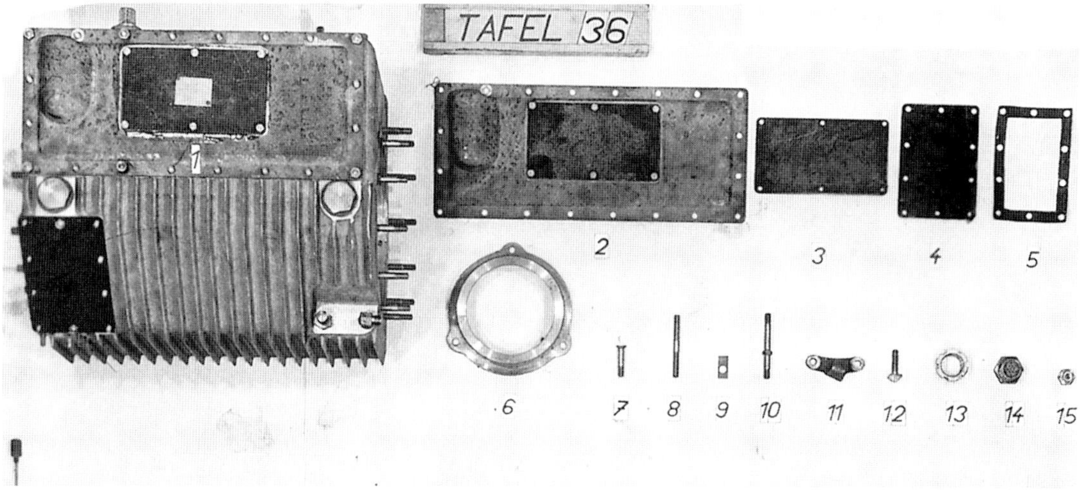

▶ウィルソン式6段変速機（前進5段、後進1段）。

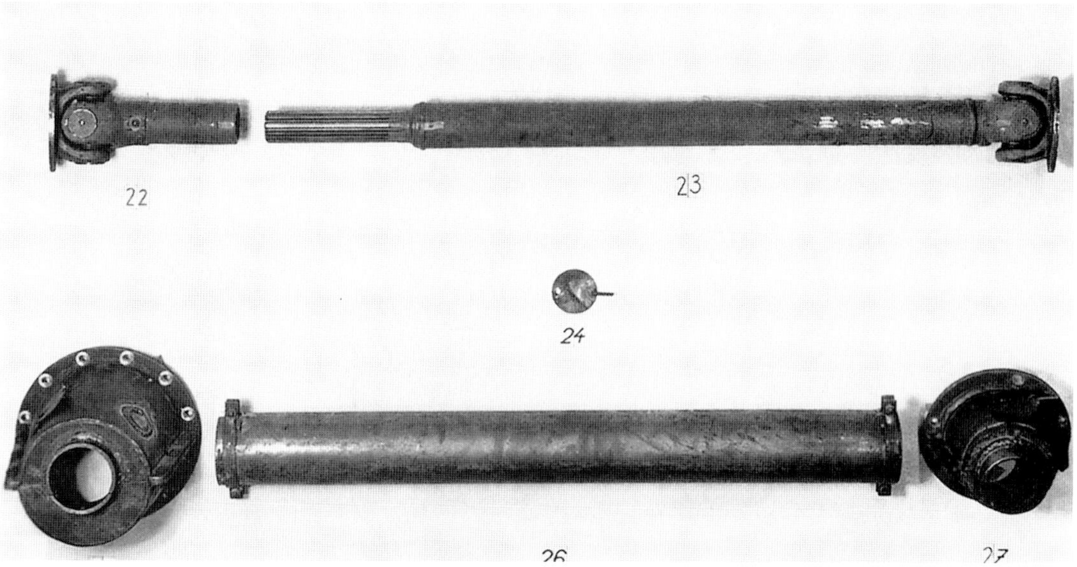

▶駆動軸（23）とそのカバー（26）。

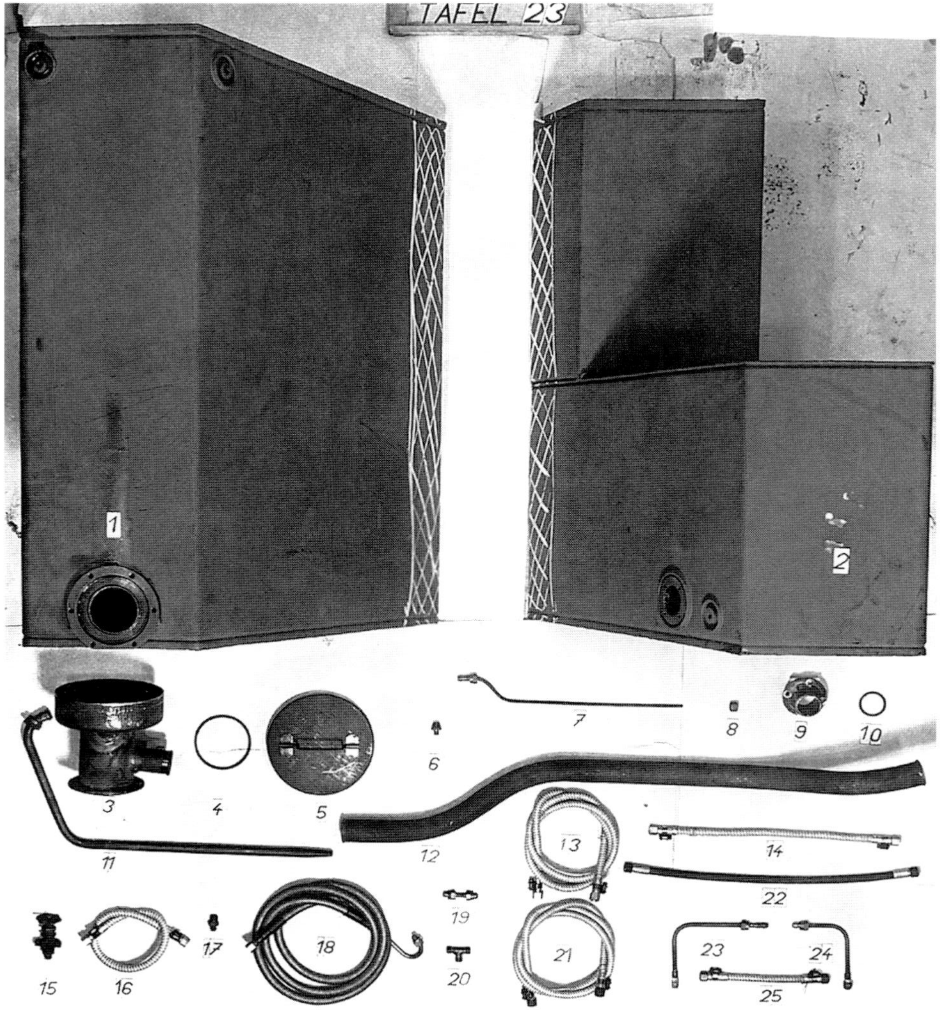

▲燃料タンクとその構成部品。1：左220リットル燃料タンク（個別使用可能な予備40リットルを含む）。2：右110リットルタンク。両タンクは厚さ5㎜の装甲板製の箱に収められた。

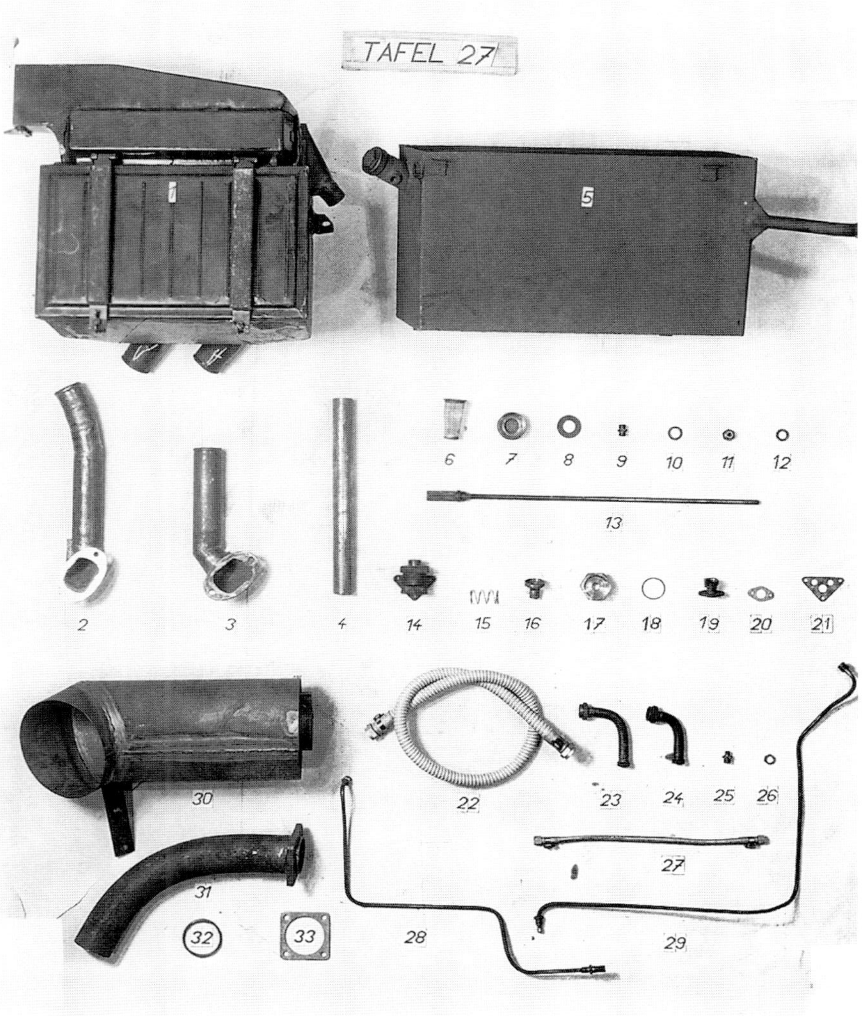

▲1：鉛酸バッテリー。30：マフラー（消炎ダンパーつきの後期型）。31：屈曲排気管。

・30W.S.a.（30 Watt Sender a）送信機。これはRL12 T35真空管3本、RV12 P2000真空管2本、RL12 T15真空管1本からなっていた。
・Umformer EUaとU30変圧器。本車のバッテリーから無線機に給電していた。
・StAtD 1.8m（1.8m Sternantenne D）、専用30/80Wコイルつき1.8m星型アンテナ。
・咽喉マイク、ヘッドフォン、接続コード、モールス電鍵。

Fu8無線機の周波数帯は1.12～3.00MHzだった。モールス信号での通信距離は80kmに及んだ。装置は左側履帯上の装甲板、砲手席の直後に設置されていた。アンテナは車体の左後部にFu5のアンテナと平行に取りつけられていた。

乗員同士の車内通話はヘッドフォン～咽喉マイク装置のインターコムで行なわれた。

■視察装置

38式駆逐戦車ヘッツァーの乗員は車外の状況をさまざまな装備で観察した。視界が最悪だったのは右側面で、主砲のせいで戦闘室右側のスペースが不足していたため視察装置がなかった。この死角となりやすい範囲は車長用のScheren fernrohr SF14Z砲隊鏡で視察されたが、この装置を使うには車長は上面ハッチを開いてそこから砲隊鏡を突き出さなければならなかった。この装置の前方視野角は180°だった。車体上面装甲板には車内から後方を視察できるペリスコープも設けられていた。操縦手には車輌前方を視察できるプリズム式ペリスコープが2個用意されていた。その視線は水平から5°見下ろすようになっていた。操縦手が頭部を負傷しないよう視察孔上には保護カバーが取りつけられていた。砲手席は操縦手席の後ろだった。砲手にはSfl ZF1a（Selbstfahrlafetten-Zielfernrohr 1 a）照準器が用意されていた。視野角は8°で倍率は3倍だった。砲手は周囲を回転式の機銃用単眼ペリスコープで視察することもできた。水平な上面装甲板の後部には左側面視察用のペリスコープも1個設けられていた。

■武装

38式駆逐戦車ヘッツァーの主砲はラインメタル＝ボルジヒ製の7.5cm PaK39 L/48（Panzer abwehrkanone 39）半自動対戦車砲だった。これは広く使用されていた水平鎖栓式の7.5cm PaK40野戦対戦車砲を車載用にしたものだった。戦闘室の狭さから主砲は車体前面装甲板の中心線より右寄りにカルダン砲架を介して取りつけられた。最大厚76mmの鋳造装甲砲架カバーが前面装甲板上部に固定されていた。このカバー内には装甲チューブがあり、砲身を包んでいた。砲架部はこのチューブの先端に固定されたザウコップ鋳造防盾により外部から保護されていた。防盾と前面装甲板の接合部には4対の嵌合爪がつき、発砲の反動を車体に伝えた。この構造のおかげで設計の初期段階で検討されていたマズルブレーキが廃止できた。右へ11°、左へ5°旋回できたカルダン砲架の旋回枠は上下2ヵ所の支点で台座に接合されていた。砲身の固定された揺架は左右2ヵ所の支点で旋回枠に接合され、－6°から＋12°まで俯仰できた。砲の照準は手動ハンドルで行なった。俯仰ハンドルが上につき、旋回ハンドルは下についていた。後者には電磁着火式の引金がついていた。発砲すると鎖栓は自動的に開放され、空薬莢を専用の容器に排出した。揺架には水圧式駐退機と空気圧式復座機が装備され、後座長を600～630mmに減少させていた。砲身長は3,600mm（48口径）で、腔内には時計回りに32条のライフル溝が刻まれていた。主砲の重量は428kgだった。ヘッツァーの主砲は以下の種類の弾丸を発射できた。

1. PzGr39（Panzergranate）：サイクロナイト（ヘキソゲン）炸薬を使用した被帽付徹甲弾で、弾底信管には曳光剤がついていた。
2. PzGr40（Panzergranate）：口径よりも細い炭化タングステン製弾芯をもった硬芯徹甲弾で、弾底に曳光剤がついていた。
3. SprGr34（Sprenggranate）：榴弾。
4. Gr38HL（Hohllandungsgranate）：曳光剤つき成形炸薬徹甲弾。

各砲弾についてのSfl ZF1a照準器の有効測定距離は以下のとおりだった。

1. PzGr39　0～3,000m

2. PzGr40　0～2,000m
3. SprGr34　0～3,600m
4. Gr38HL　0～2,400m

砲弾の性能諸元は表2に示した。

ヘッツァーは主砲弾40発を搭載していた。1944年11月に携行弾数は45発に増加した。10発が戦闘室の左後方の壁に立て置きされていた。さらに10発が右内壁上部に斜めに取りつけられていた。残りの20発は2つの専用容器に分けられ主砲の下方に収められていた。追加された5発は予備光学装備品箱のあった場所に置かれた。実戦では錬度の高い乗員ならば1分間に12～14発を発射できた。

7.5㎝ PaK39 L/48戦車砲の標準装甲貫徹力は表3に示した（最大貫徹可能距離による）。

副武装は7.92㎜MG（Maschinengewehr）34汎用機銃1丁だった。これは敵歩兵に対する防御に使用された。本機銃は上面装甲板にルントウムフォイアー銃架を介して装備されていた。この銃架は全周射撃が可能だったが、最大仰角は＋12°、最大俯角は－6°までだった。機銃は車内から操作できた。引金はボーデン索で機銃と接続されていた。旋回俯仰用ハンドルは操縦手の邪魔にならないよう生産開始後に短縮された。MG34の銃架と弾倉はV字型の防弾板で保護されていた。V字の角部には切り欠きがあり、そこから銃身が突き出ていた。銃身の下には単眼式ペリスコープがあり、同じ切り欠きから前方を覗察できた。倍率は3倍で視野角は8°、レンズには目盛りがついていた。給弾は50発入りドラム弾倉からだった。総携行弾数は12個のドラム弾倉に計600発だった。これは6個ずつ2個の箱に収められ、砲手席に近い履帯上の張り出し部に置かれた。機銃を全周射撃可能なルントウムフォイアー銃架は非常に便利だったが、弾倉の小ささが短所だった。弾倉が空になると砲手はハッチを開けて出て機銃の防弾板の上に身をかがめて弾倉を交換しなければならなかった。これは実戦ではきわめて危険な行為であり、砲手がしばしば負傷した。このためこの機銃が使われることは滅多になかった。200発入りの箱型弾倉がヘッツァーの生産中にテストされたが、結局採用されなかった。

（97ページに続く）

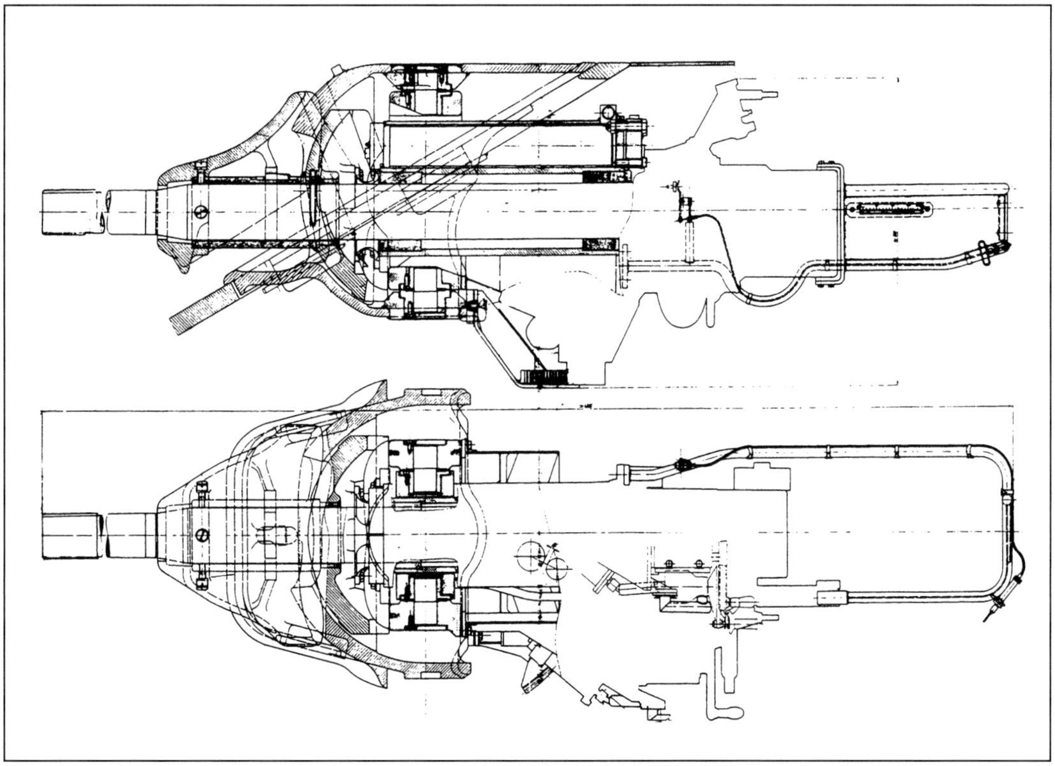

PaK39 L/48戦車砲と防盾の取りつけ方法。

▶MG34機銃用ルントウムフォイアー全周銃架（17）。16と18：側面防弾板。短縮された引金つきハンドルに注意。

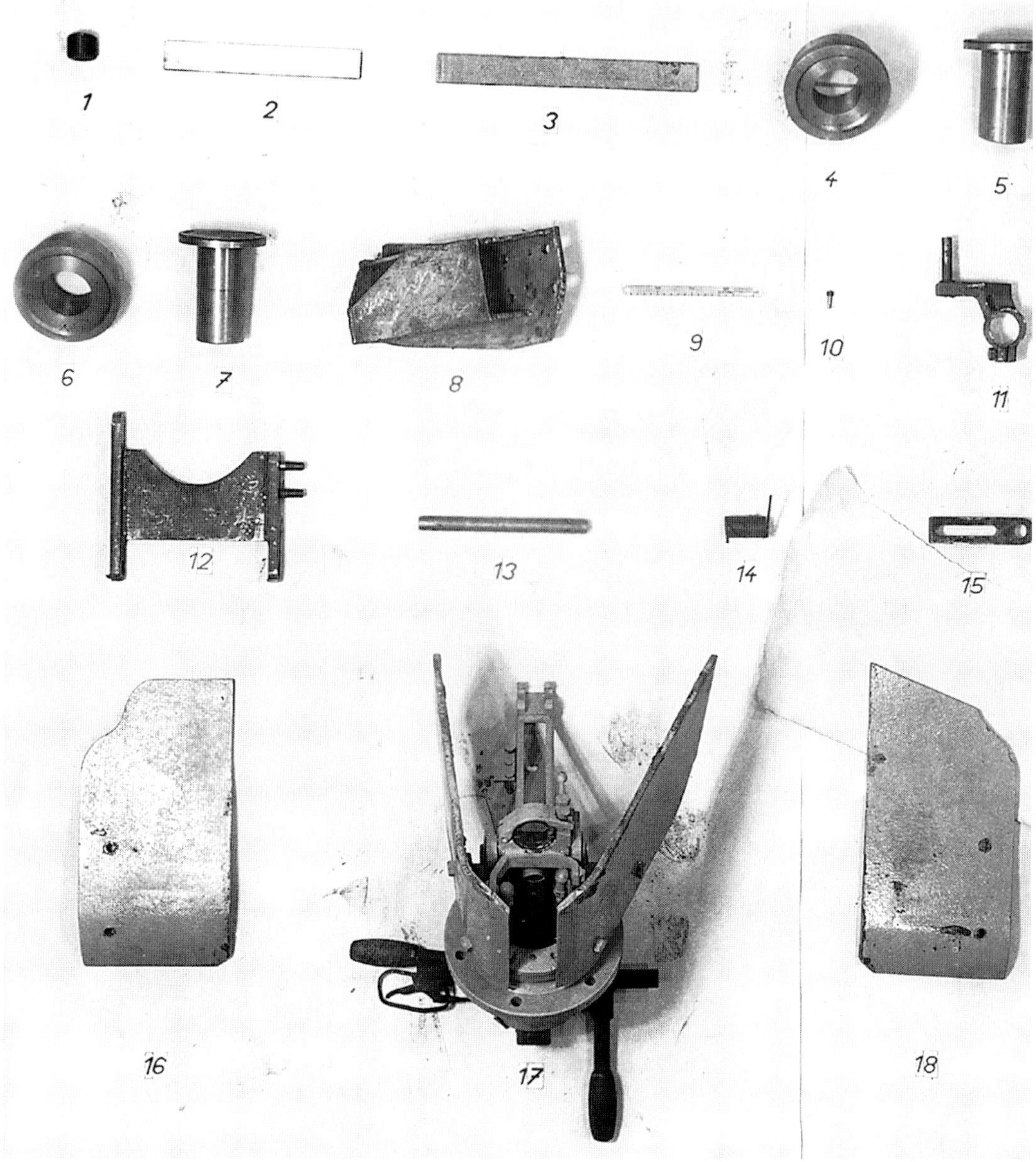

表2. 7.5㎝ PaK39 L/48の砲弾性能諸元

弾薬名	PzGr39	PzGr40	SprGr34	Gr38HL
種　別	徹甲弾	硬芯徹甲弾	榴弾	成型炸薬弾
重　量［kg］	6.80	4.15	5.74	5.00
砲口速度［m/s］	750	930	550	450
距離別装甲貫徹力				
100mまで	106mm	143mm	不明	100mm
500mまで	96mm	120mm	不明	100mm
1,000mまで	85mm	97mm	不明	100mm
1,500mまで	74mm	77mm	不明	100mm
2,000mまで	64mm	―	不明	100mm

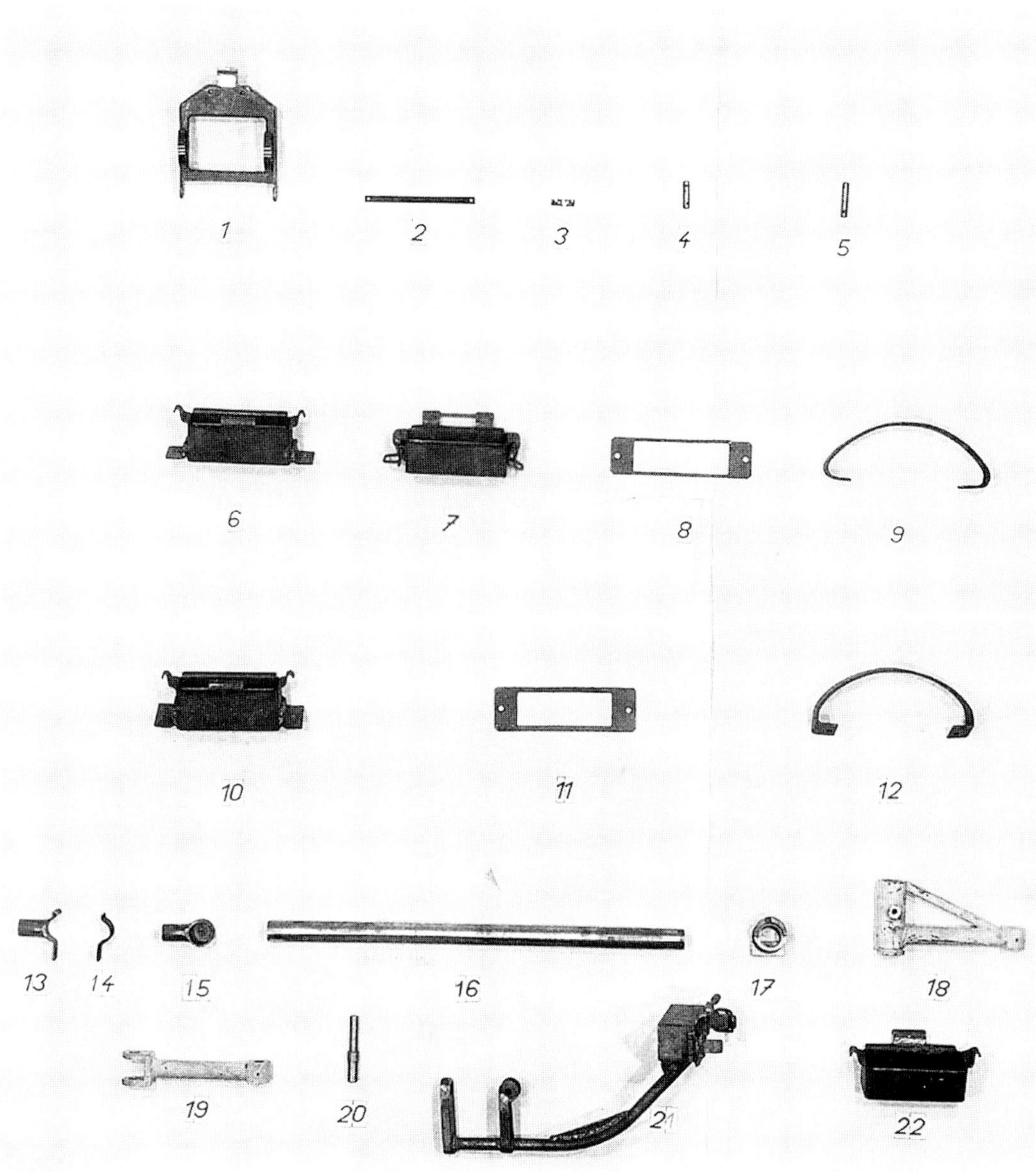

◀この陳列写真には車外覗察用ペリスコープは含まれていない。

表3. 7.5cm PaK39 L/48砲のPzGr39徹甲弾による最大貫徹可能距離

戦車名	クロムウェルⅣ	チャーチルⅢ	シャーマンA4	T34/85	IS2
砲塔正面	1,000m	1,700m	1,000m	700m	100m
防盾	1,600m	1,400m	100m	100m	貫徹不能
車体正面	1,800m	1,300m	貫徹不能	貫徹不能	貫徹不能
砲塔側面	1,800m	1,700m	3,000m	1,300m	300m
車体側面	1,800m	3,000m	3,500m	3,200m	500m
砲塔後面	2,100m	2,600m	3,000m	1,800m	貫徹不能
車体後面	3,500m	3,500m	3,500m	1,000m	100m

▶ヘッツァーの主砲用弾薬。
1：PzGr34
2：PzGr39
3：PzGr40
4：Gr38HL
5：SprGr34（Ub）

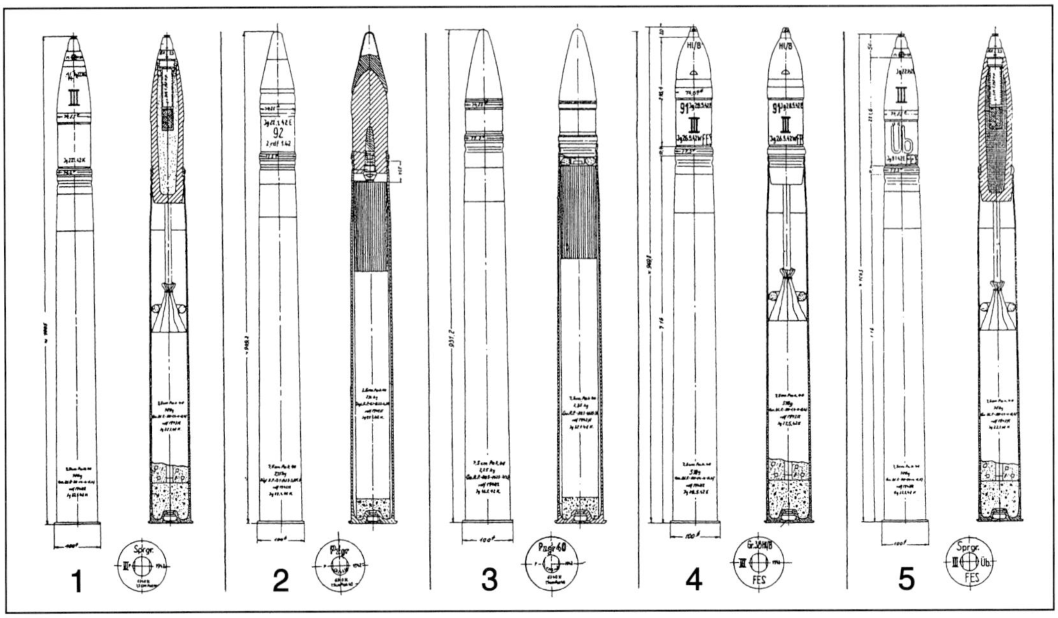

▶38式駆逐戦車に支給されていたその他の装備品。1～4：工具箱。9：履帯調整用レンチ。16：漏斗。17：油さし。20：金属被覆つきオーク材製ジャッキ台。21：非常用エンジン始動クランク。23：牽引用鋼製ケーブル。

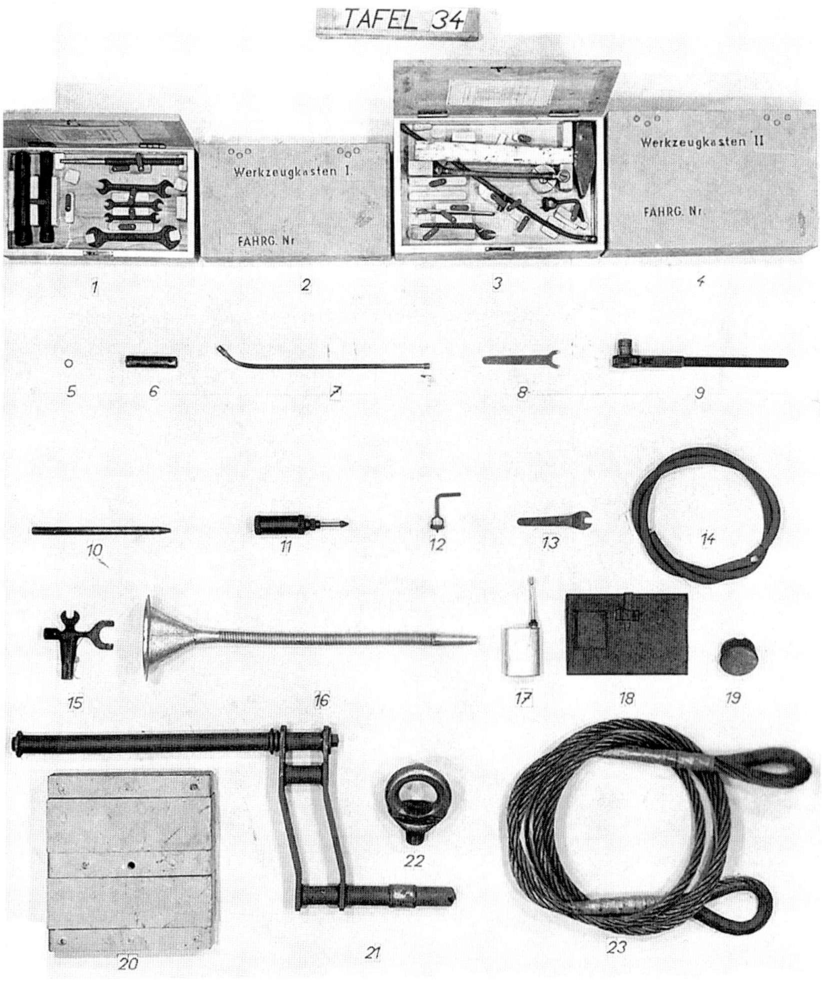

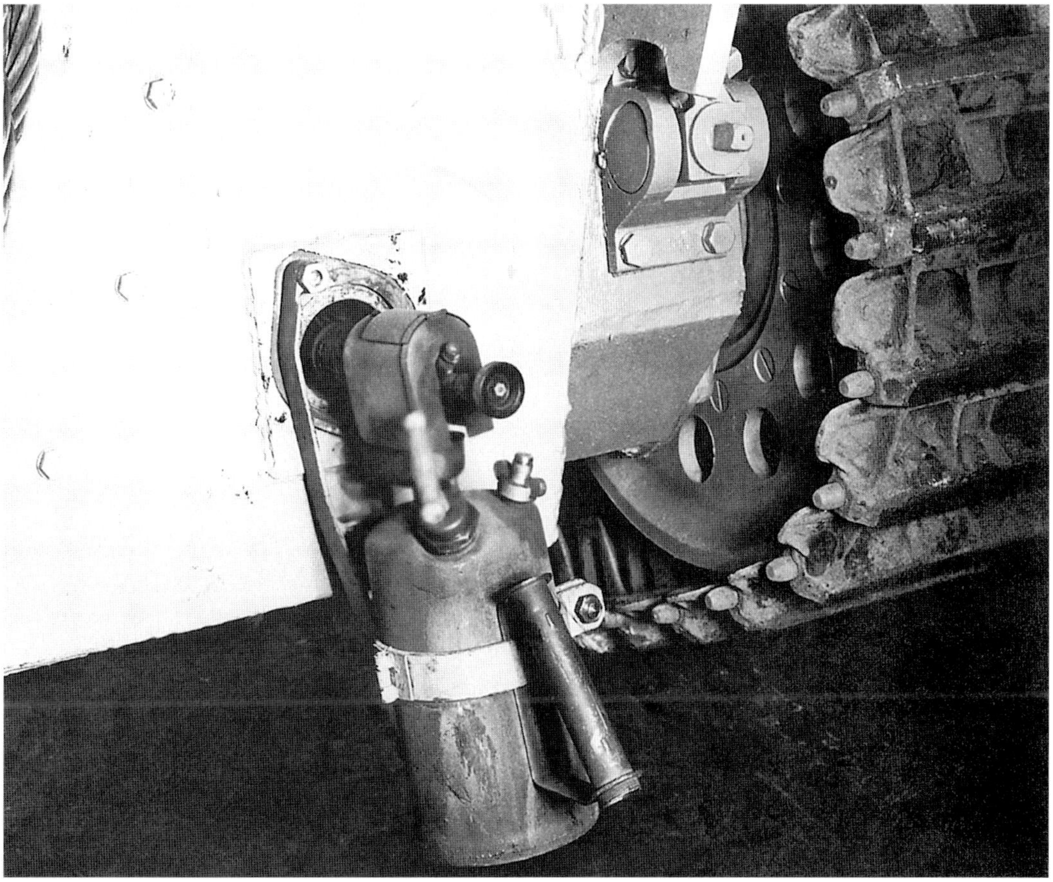

◀車体後部に取りつけられたブローランプ（Lötlampe）は低温時のエンジン予熱に使用された。誘導輪基部後側の調整装置がよくわかる。

◀燃料タンク箱上に設置された鉛酸バッテリー収納用絶縁容器。

【1：35 スケール】

0 1 2 3m

作図および写図：
スワウォミール・ザヤンチュコフスキー
Drawn and traced by Sławomir
Zajączkowski

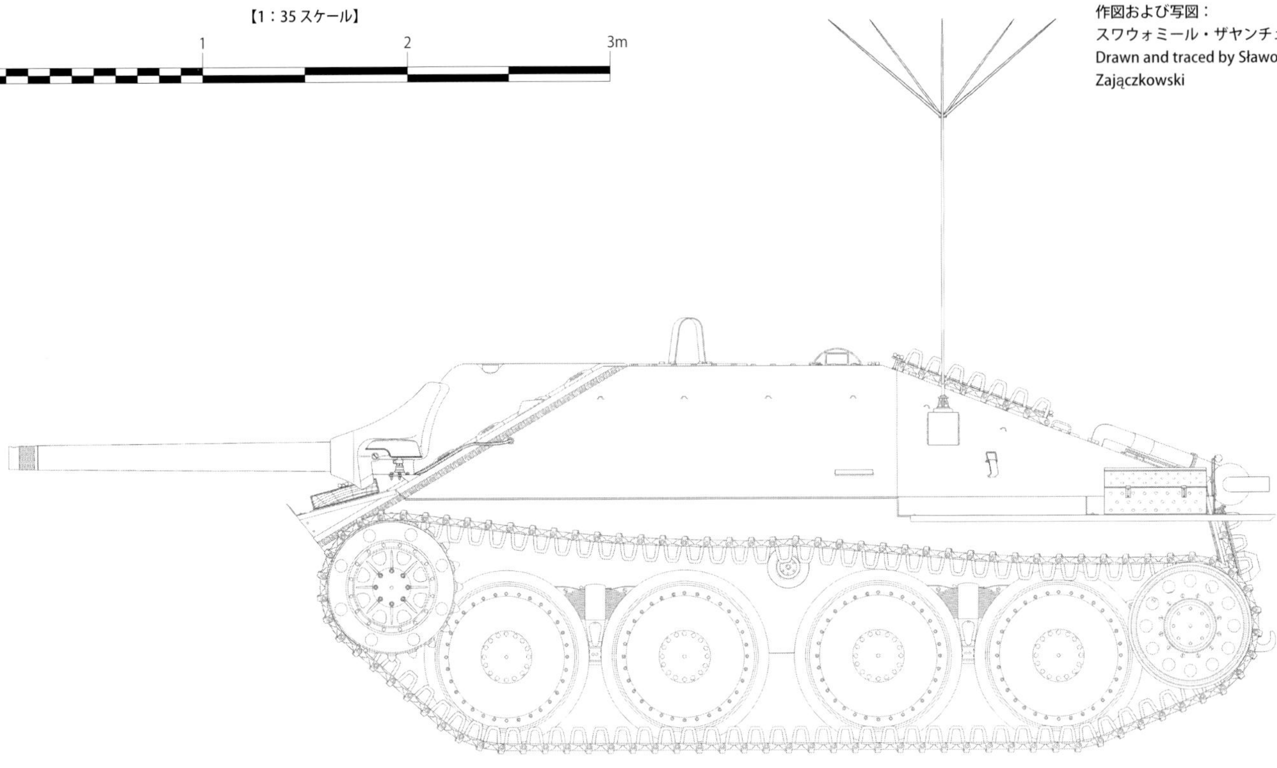

プラハのBMM工場で撮影されたヘッツァー試作1号車。本車とその後の標準生産型とには相違点がいくつかある。本車は起動輪カバーのないシンプルな車体で、起動輪は外周に8個の軽め穴が開き、吊り上げ・牽引リングは車体の低い位置に溶接され、車体自体は重ね溶接でなく突き合わせ溶接構造である。防盾は下部の形状が独特で、砲架カバーは左側4本、右側3本のボルトで車体に固定されている。試作車にはアンテナ取りつけ部が2ヵ所あった。

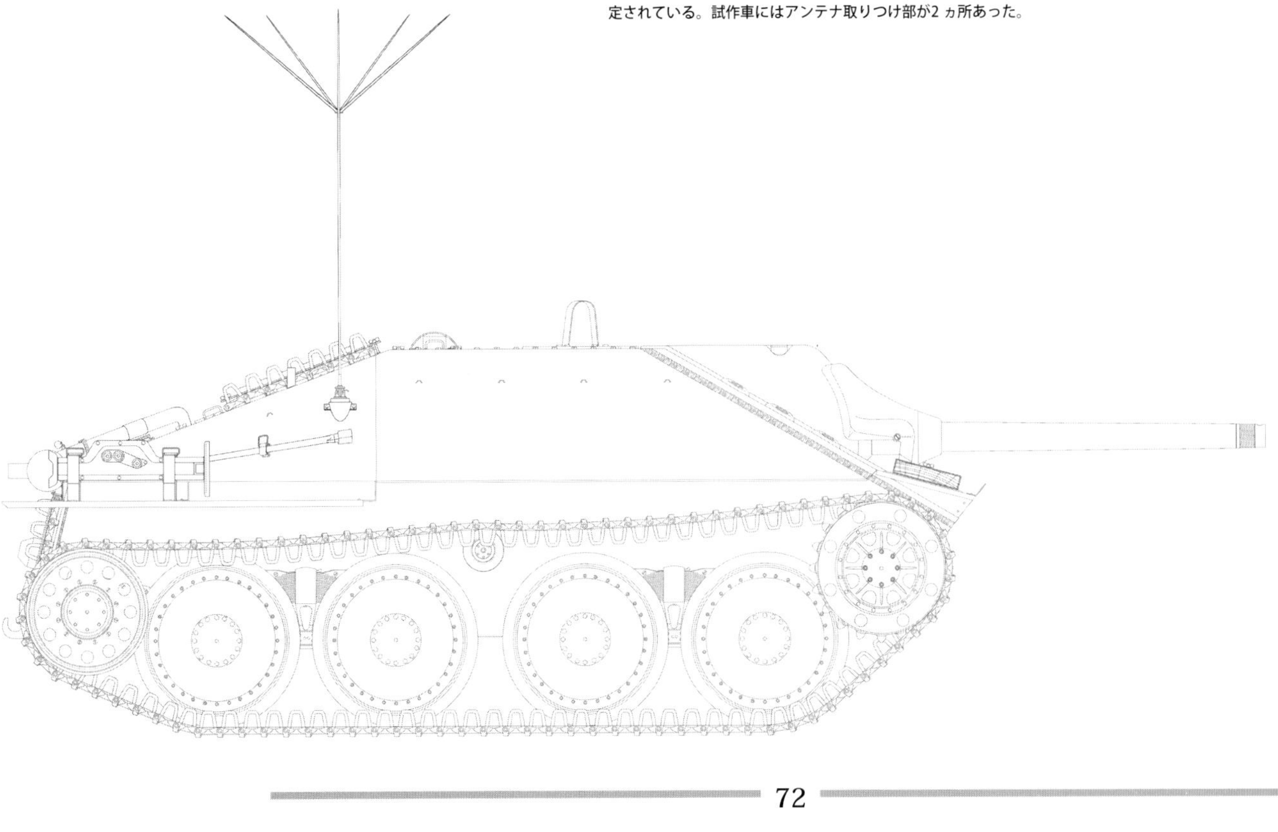

【1：35 スケール】

作図および写図：
スワウォミール・ザヤンチュコフスキー
Drawn and traced by Sławomir Zajączkowski

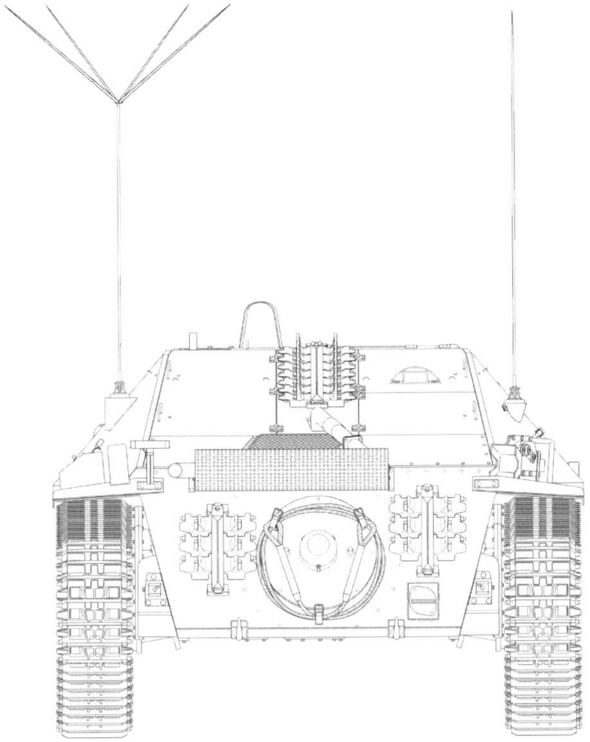

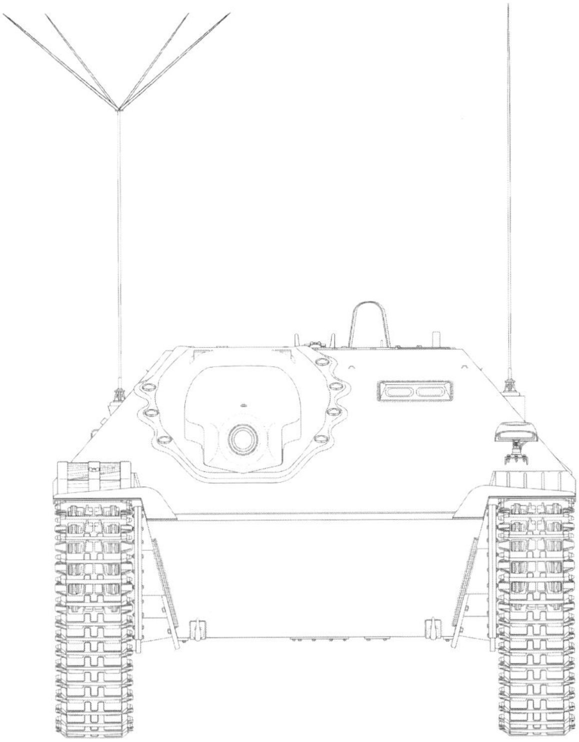

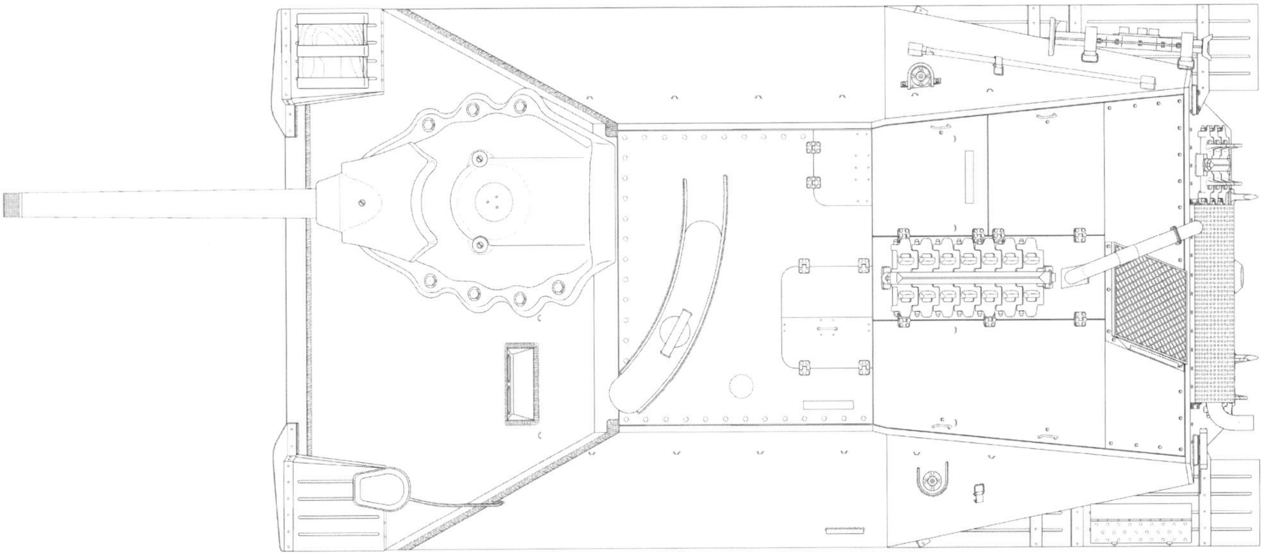

【1：35 スケール】

作図および写図：
スワウォミール・ザヤンチュコフスキー
Drawn and traced by Sławomir
Zajączkowski

ヘッツァーの試作3号車。1944年4月。本車には戦闘室内から照準・射撃が可能な防弾板つき機銃が装備されている。

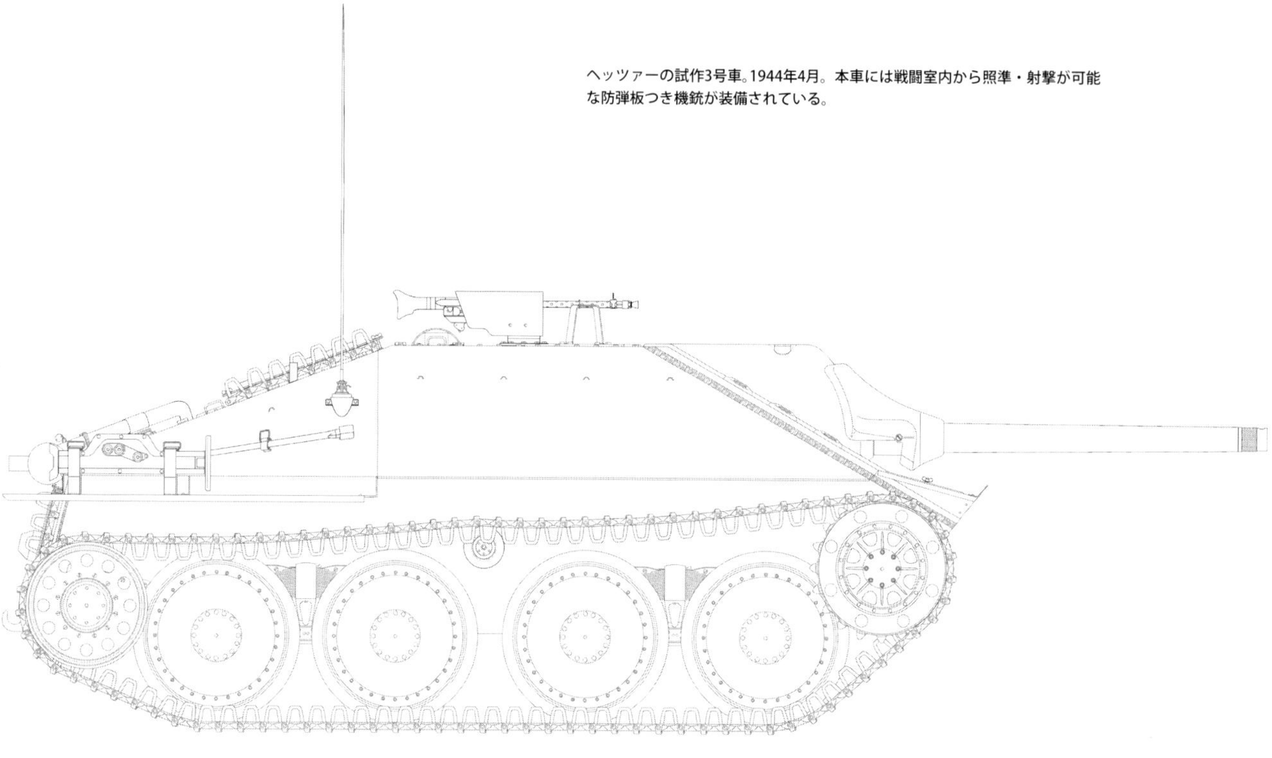

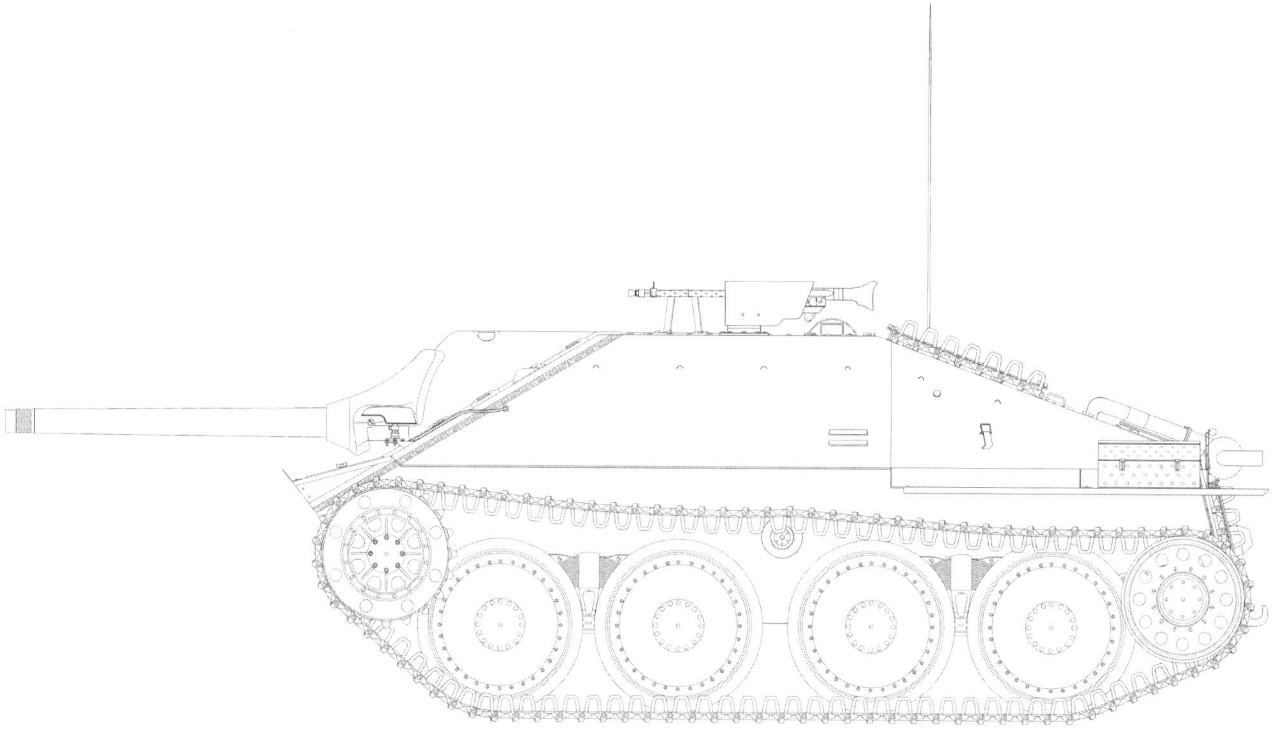

【1：35スケール】

0 1 2 3m

作図および写図：
スワウォミール・ザヤンチュコフスキー
Drawn and traced by Sławomir Zajączkowski

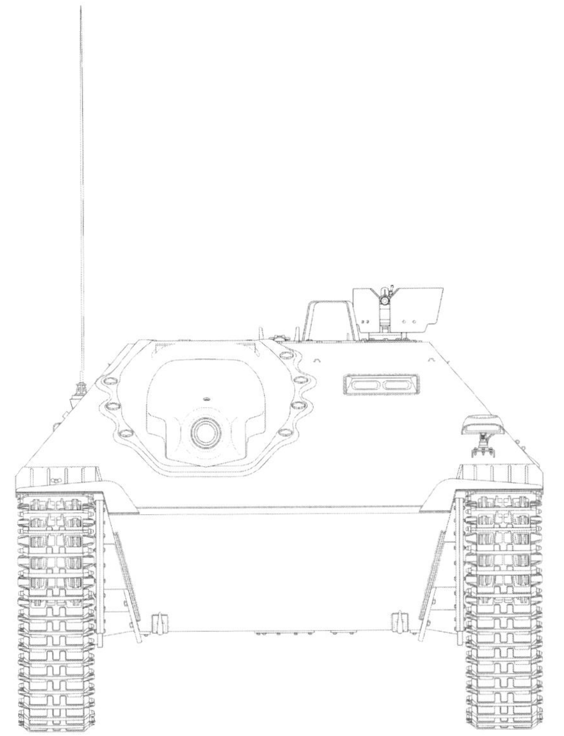

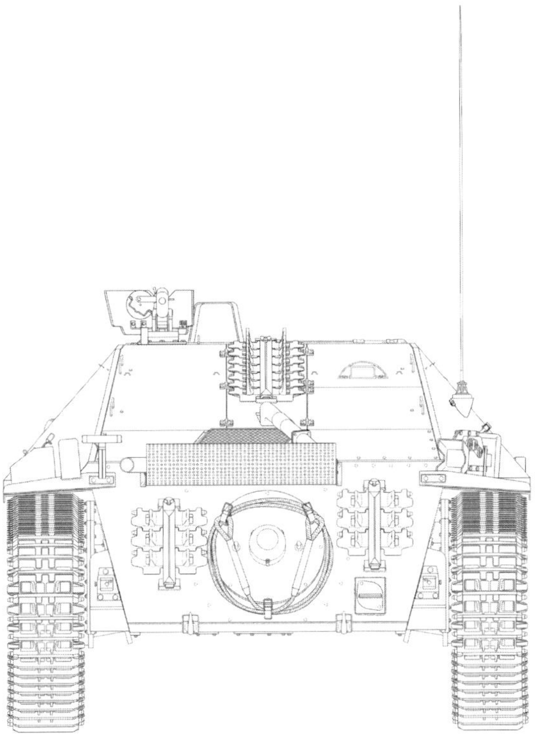

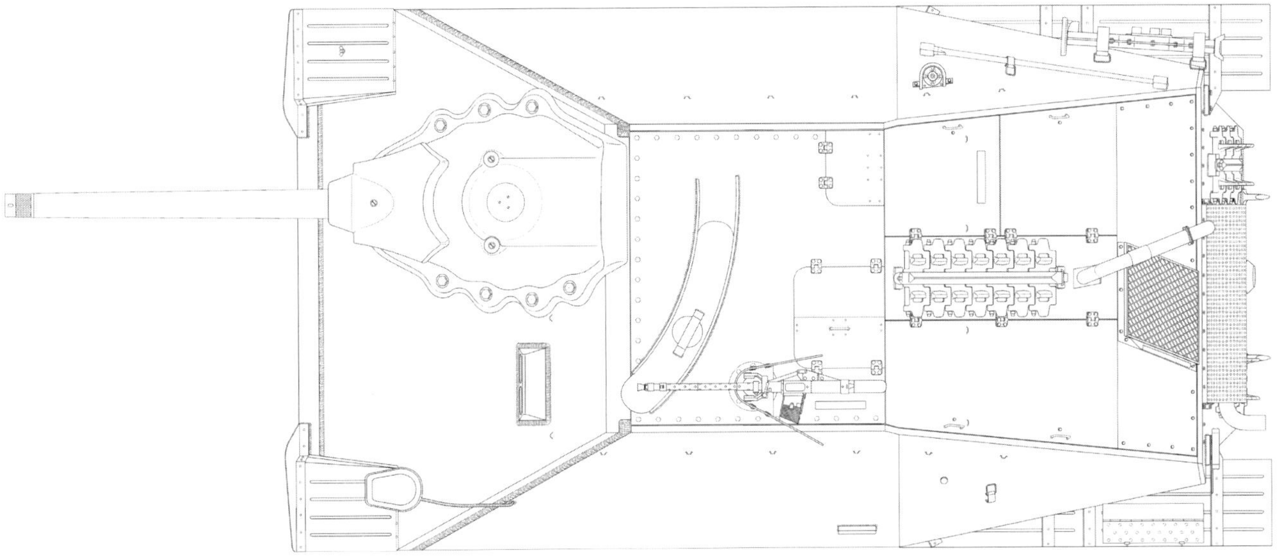

【1：35 スケール】

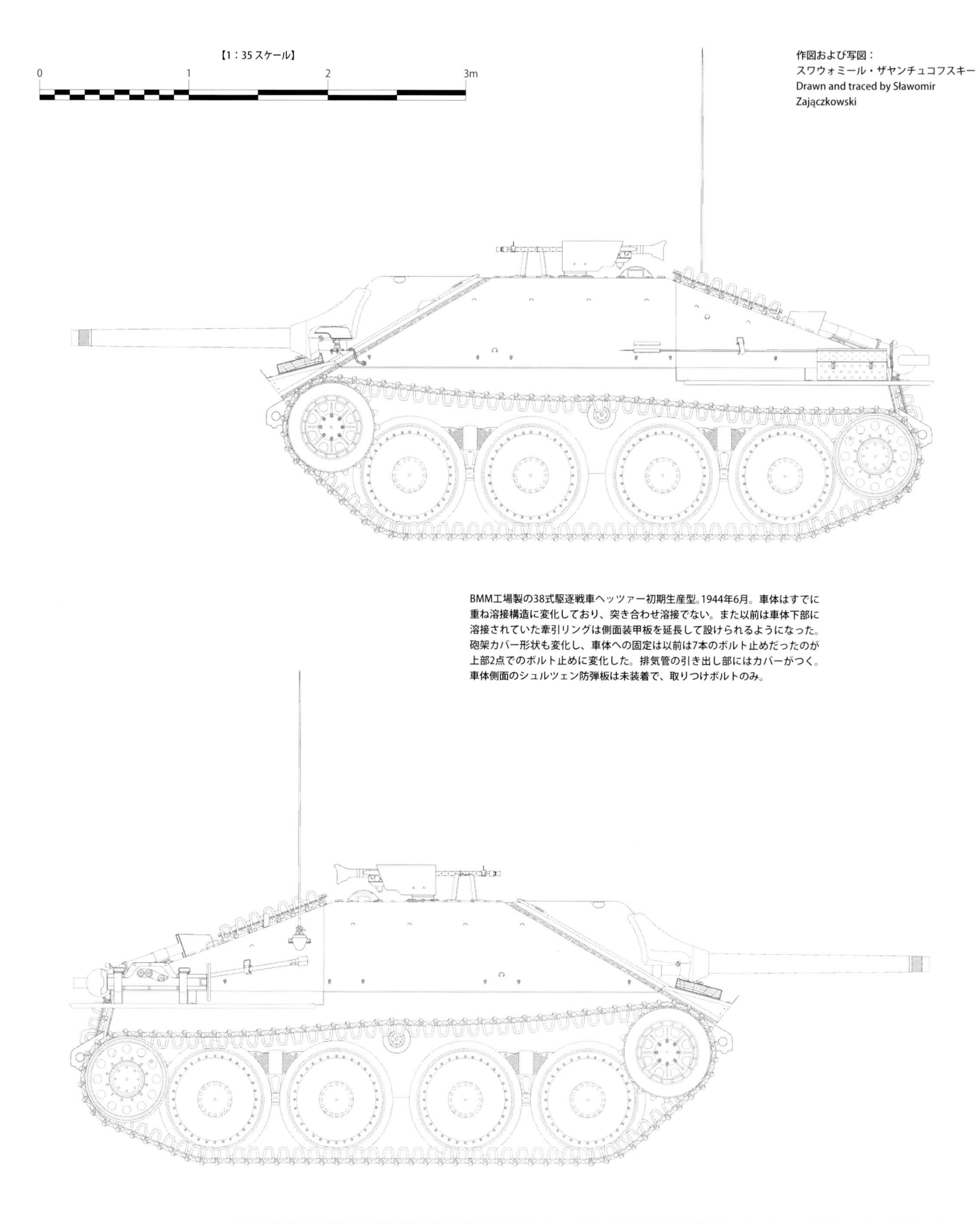

作図および写図：
スワウォミール・ザヤンチュコフスキー
Drawn and traced by Sławomir Zajączkowski

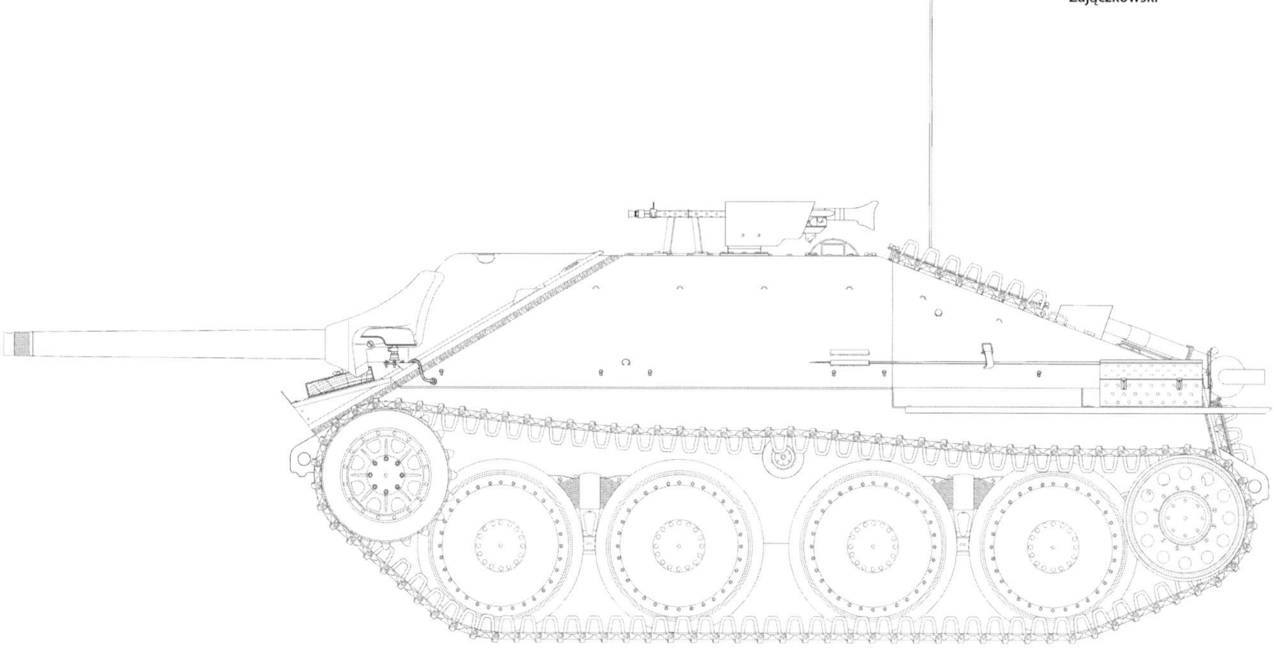

BMM工場製の38式駆逐戦車ヘッツァー初期生産型。1944年6月。車体はすでに重ね溶接構造に変化しており、突き合わせ溶接でない。また以前は車体下部に溶接されていた牽引リングは側面装甲板を延長して設けられるようになった。砲架カバー形状も変化し、車体への固定は以前は7本のボルト止めだったのが上部2点でのボルト止めに変化した。排気管の引き出し部にはカバーがつく。車体側面のシュルツェン防弾板は未装着で、取りつけボルトのみ。

【1：35 スケール】

0 1 2 3m

作図および写図：
スワウォミール・ザヤンチュコフスキー
Drawn and traced by Sławomir Zajączkowski

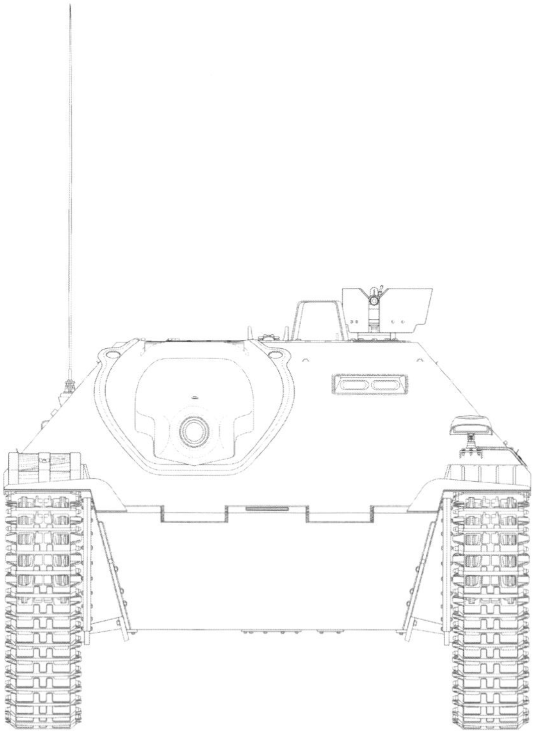

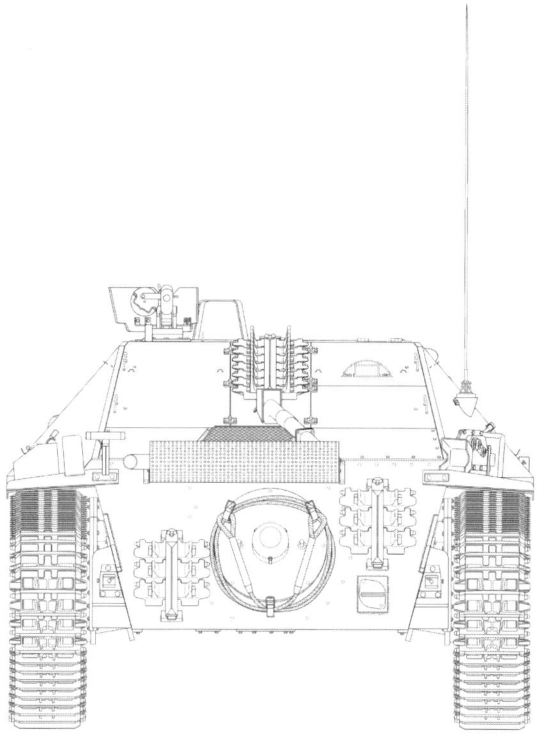

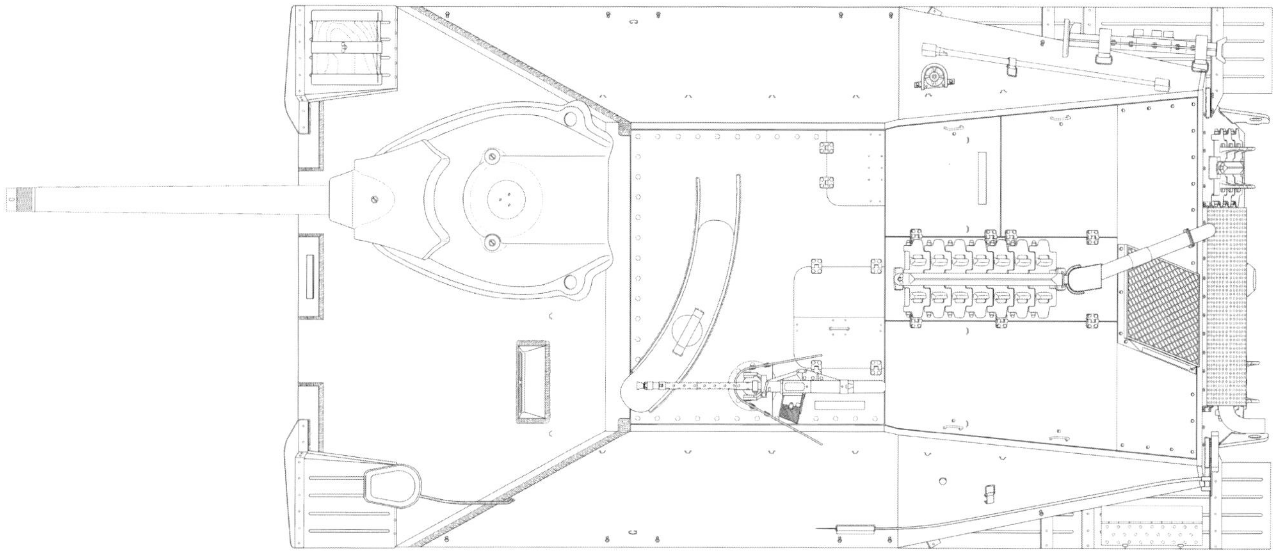

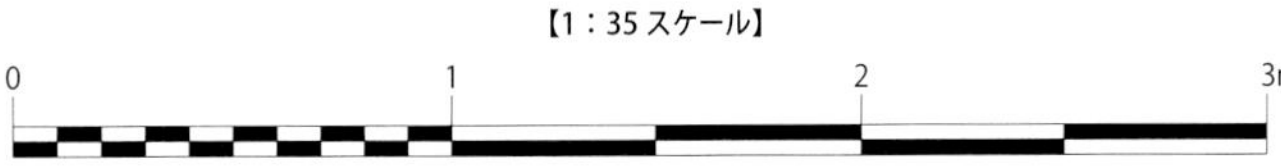

作図および写図：
スワウォミール・ザヤンチュコフスキー
Drawn and traced by Sławomir Zajączkowski

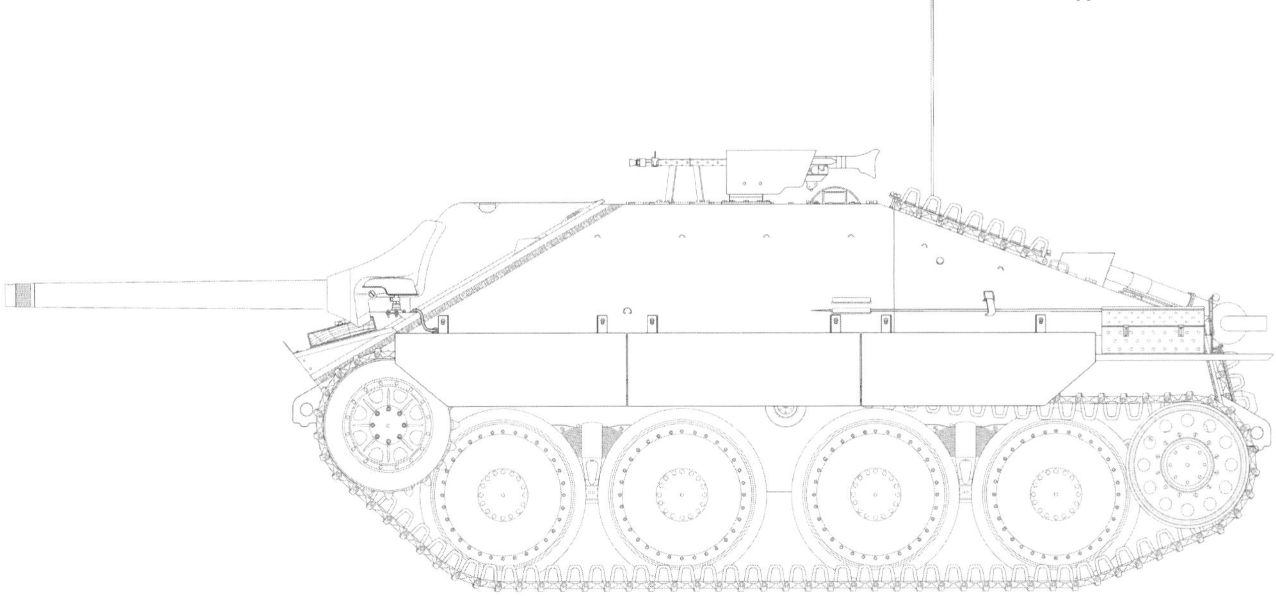

シュルツェン防弾板を装備した38式駆逐戦車ヘッツァー初期生産型。これは3枚構成で、履帯の上部と上部構造体の下端を保護していた。

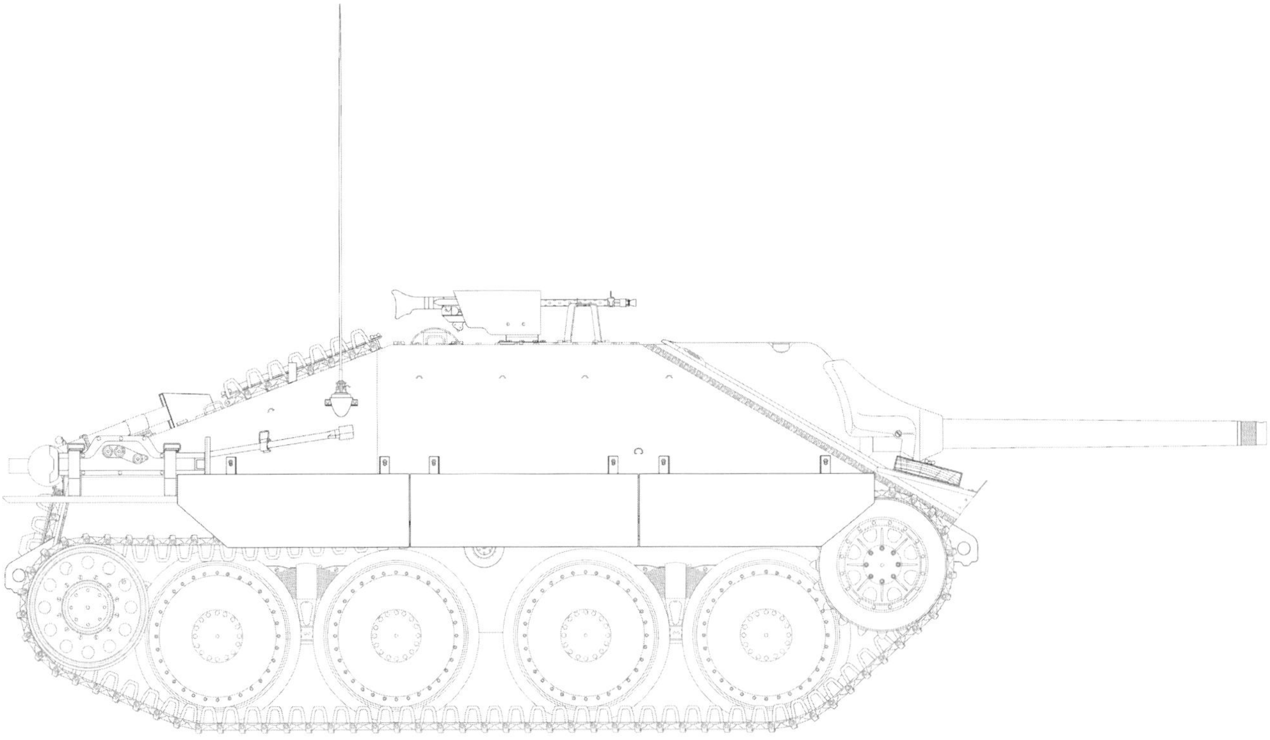

【1：35 スケール】

作図および写図：
スワウォミール・ザヤンチュコフスキー
Drawn and traced by Sławomir Zajączkowski

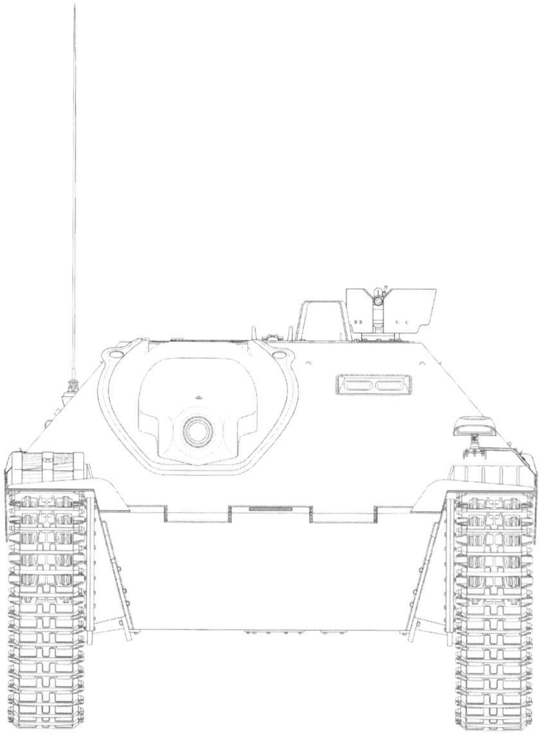

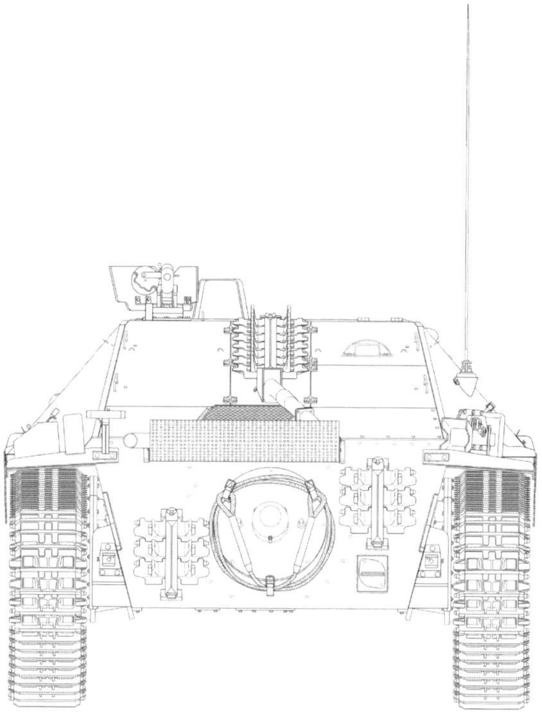

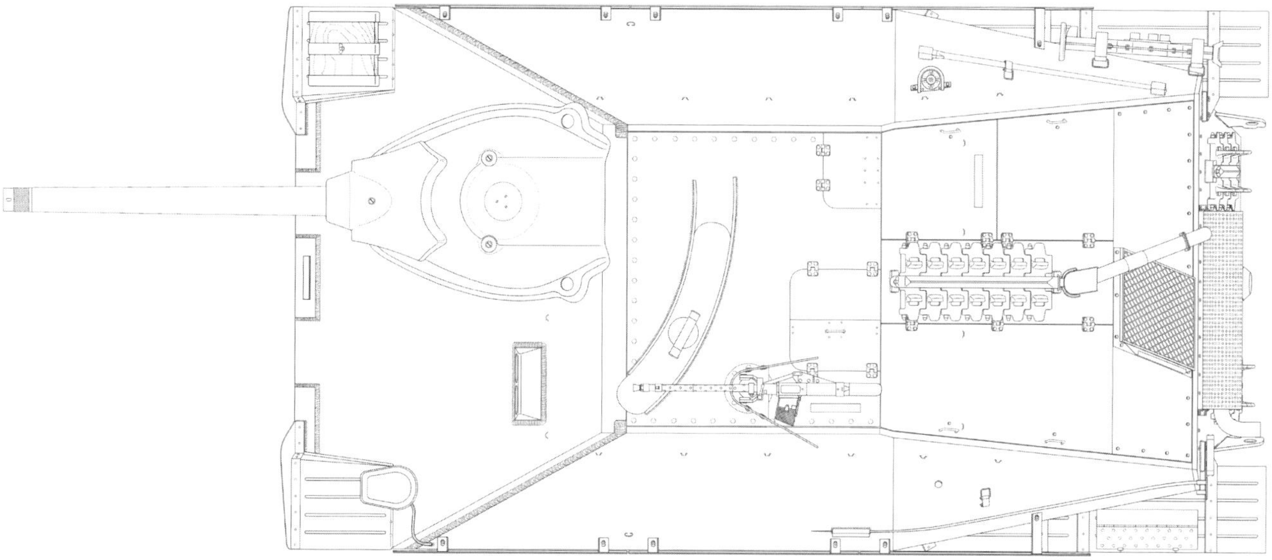

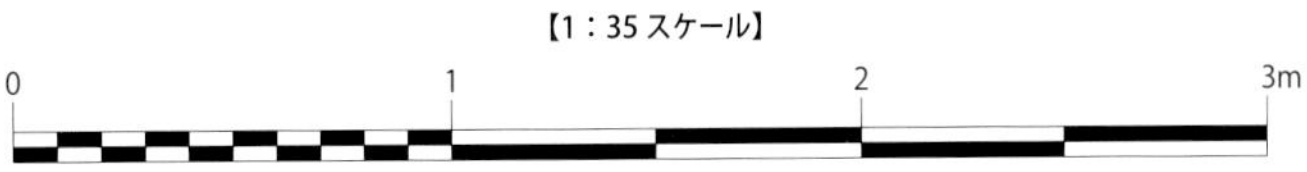

作図および写図：
スワウォミール・ザヤンチュコフスキー
Drawn and traced by Sławomir Zajączkowski

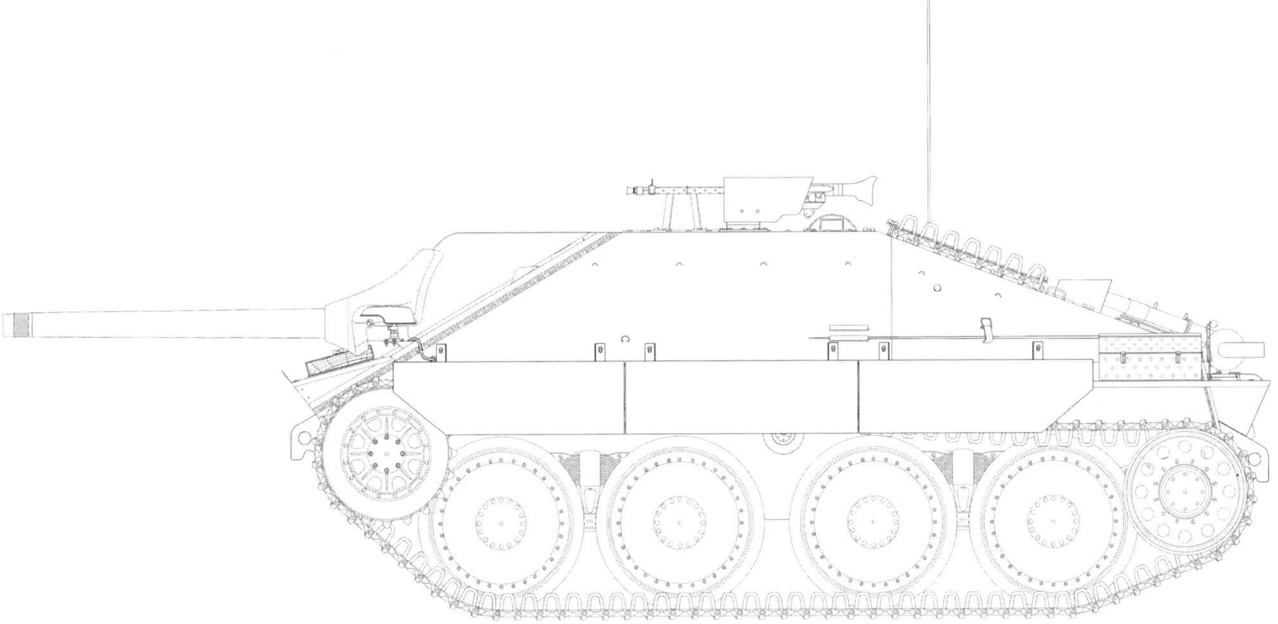

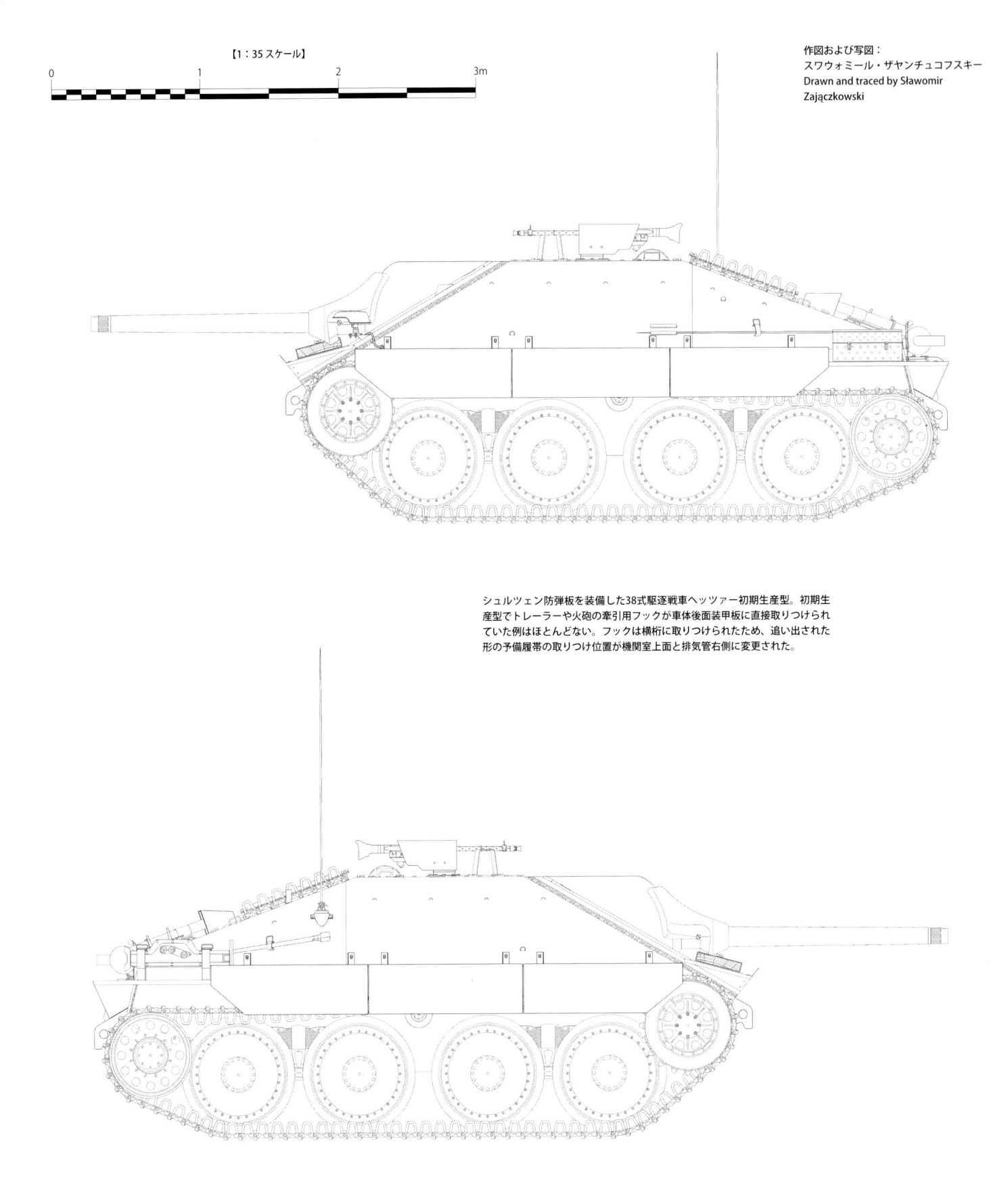

シュルツェン防弾板を装備した38式駆逐戦車ヘッツァー初期生産型。初期生産型でトレーラーや火砲の牽引用フックが車体後面装甲板に直接取りつけられていた例はほとんどない。フックは横桁に取りつけられたため、追い出された形の予備履帯の取りつけ位置が機関室上面と排気管右側に変更された。

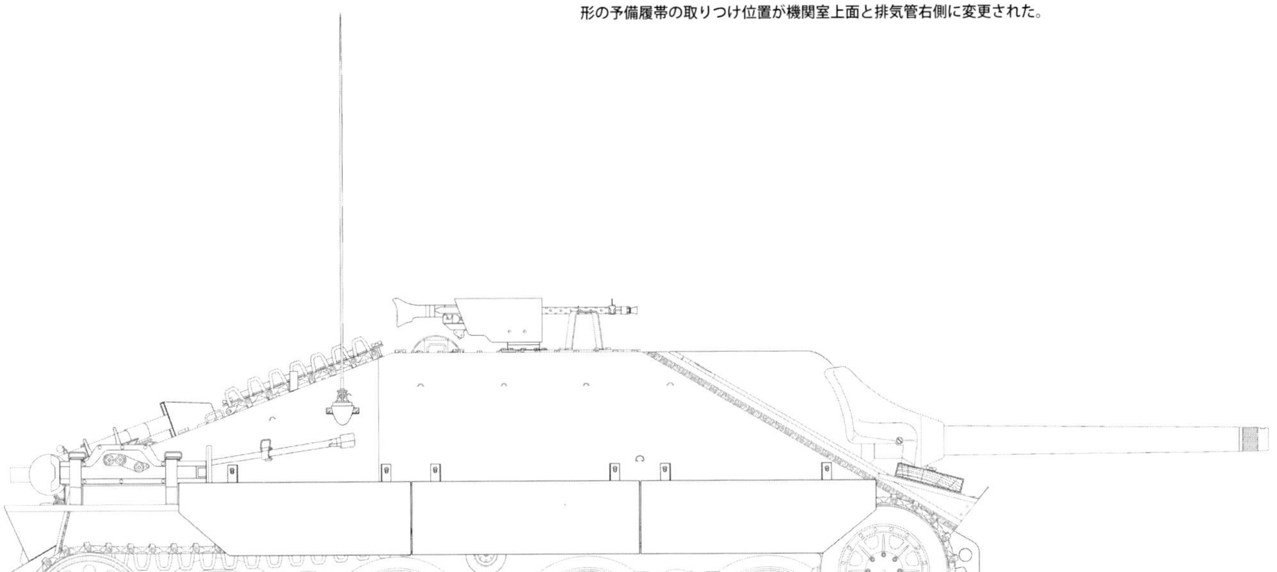

【1：35 スケール】

作図および写図：
スワウォミール・ザヤンチュコフスキー
Drawn and traced by Sławomir Zajączkowski

横桁と牽引フックを取り外した状態のヘッツァー後面図。固定用穴はボルトでふさがれている。

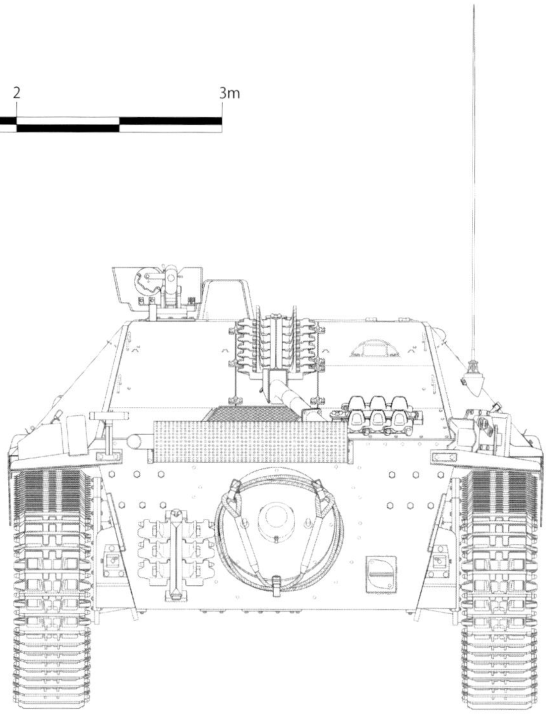

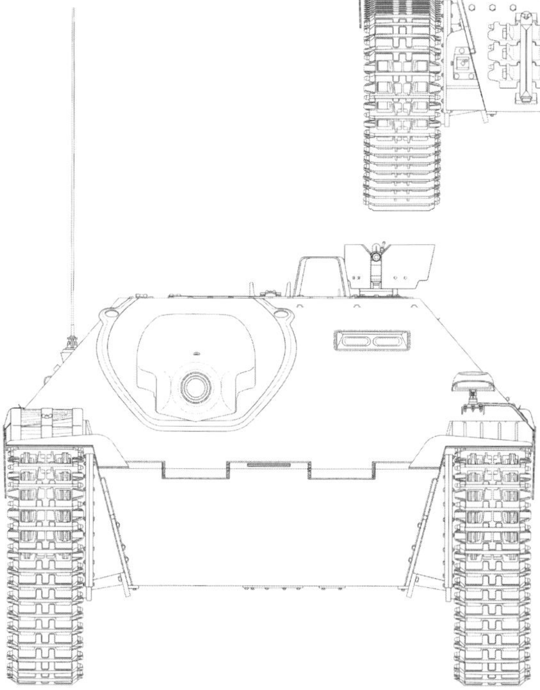

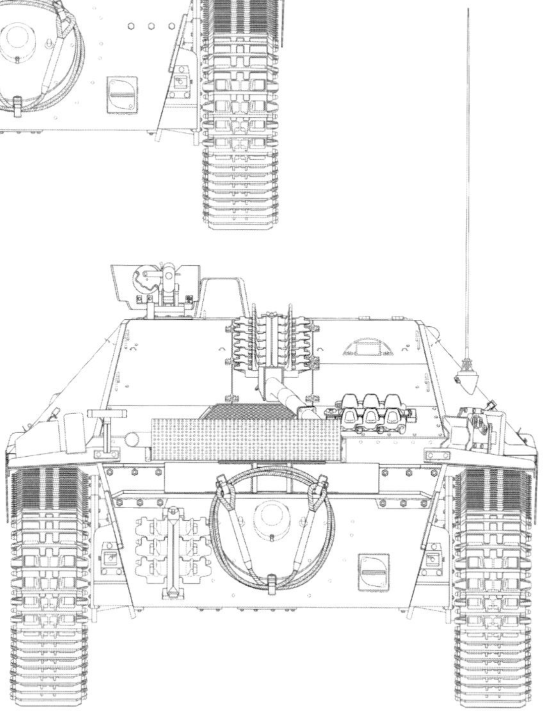

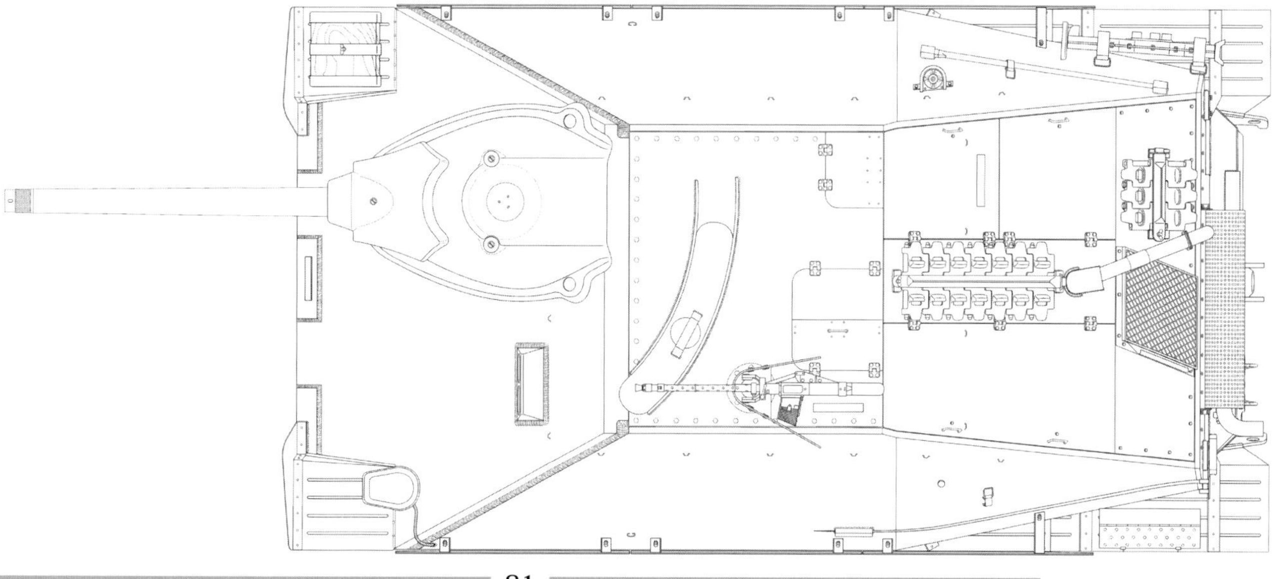

【1：35 スケール】

作図および写図：
スワウォミール・ザヤンチュコフスキー
Drawn and traced by Sławomir Zajączkowski

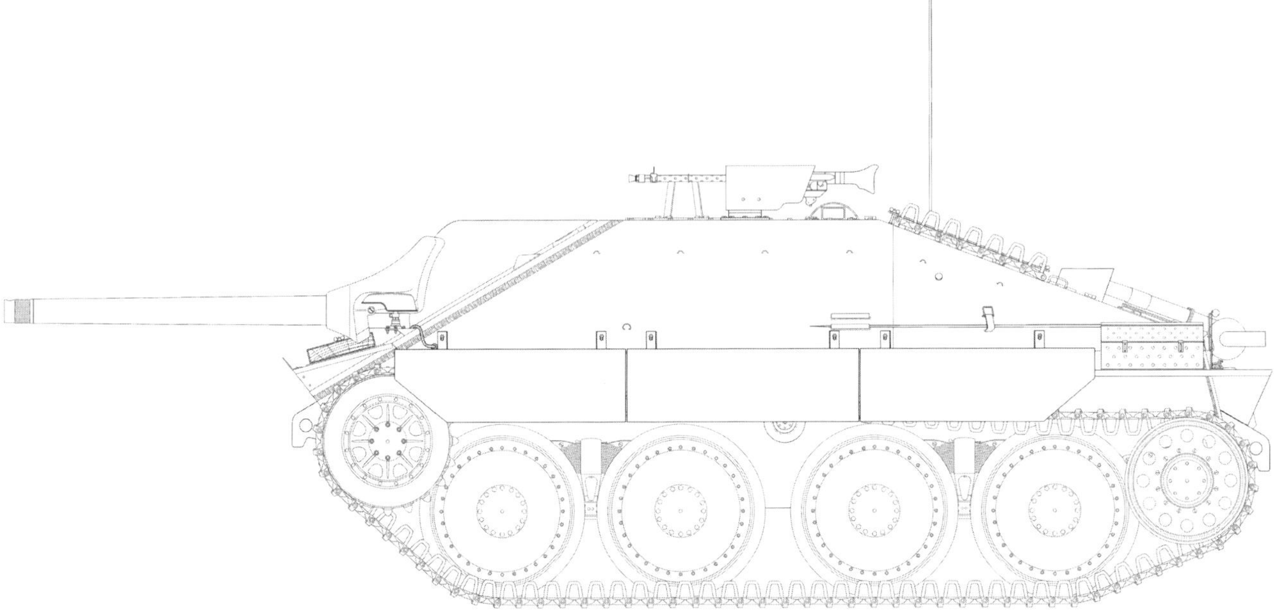

改良型砲架カバーを装備した38式駆逐戦車ヘッツァー初期生産型。砲架カバー上面前部の主砲取りつけ用ボルトが接近したため、全体の形状も変化した。機関室上面の上端右にハッチが設けられた。

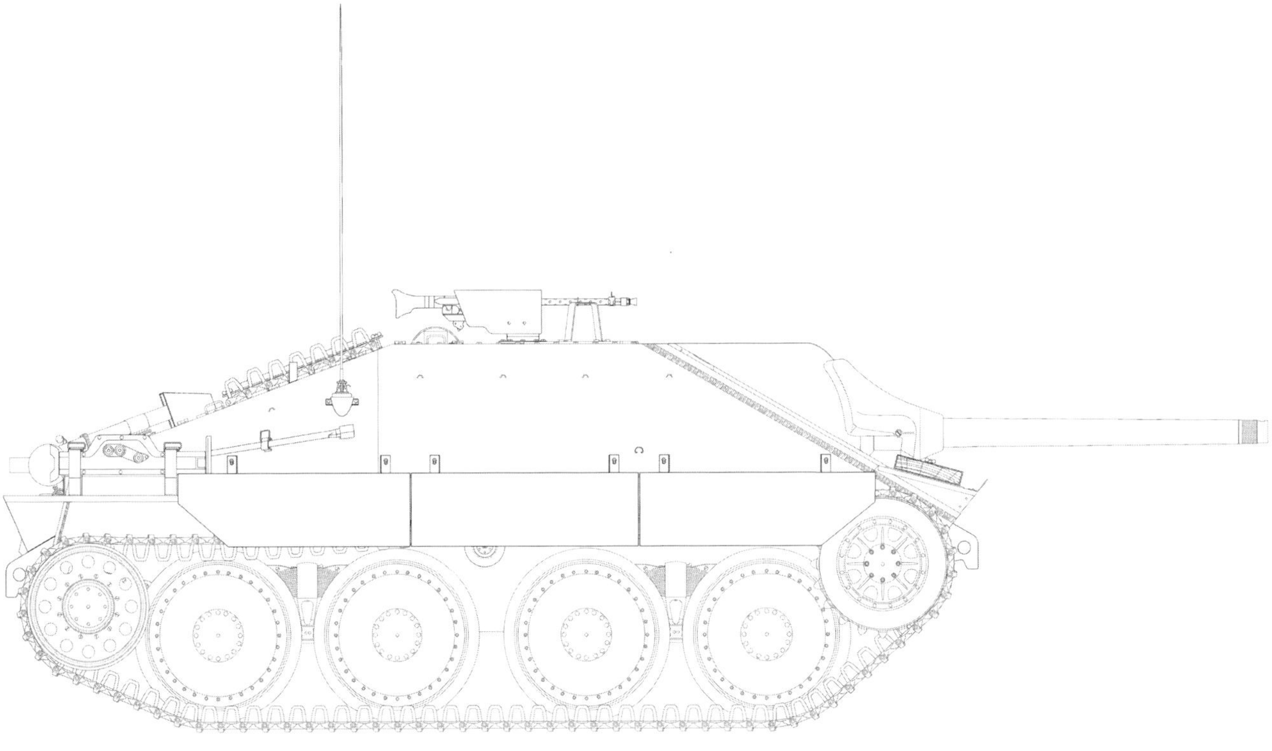

【1：35 スケール】

0 1 2 3m

作図および写図：
スワウォミール・ザヤンチュコフスキー
Drawn and traced by Sławomir Zajączkowski

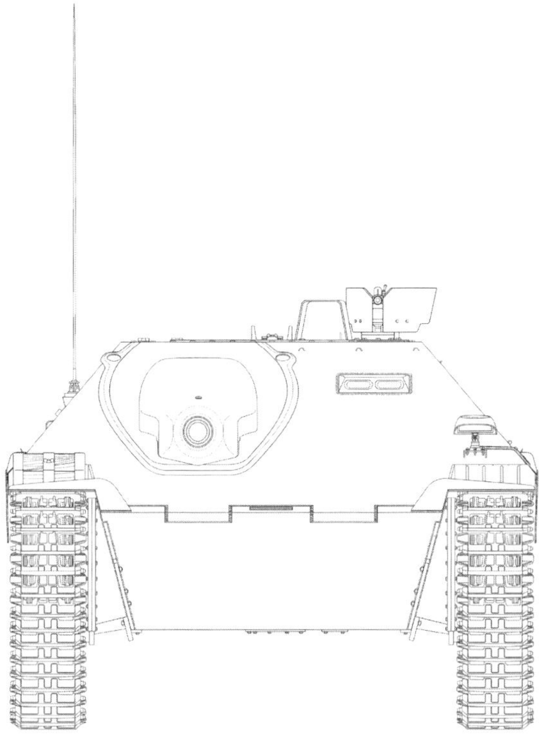

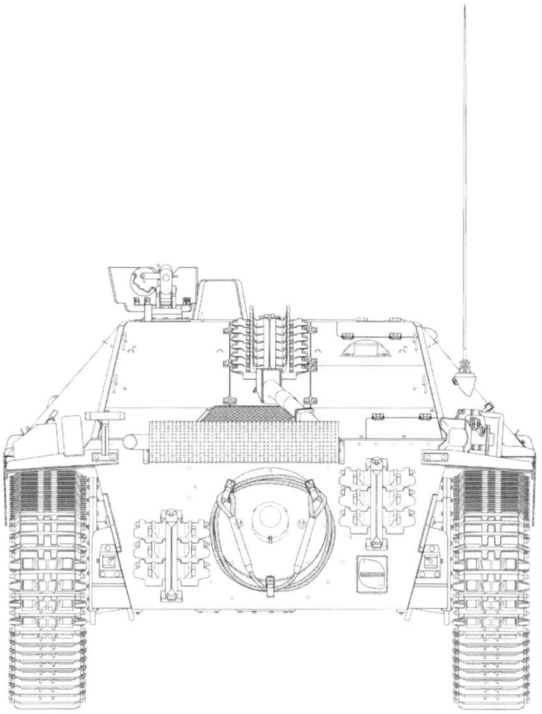

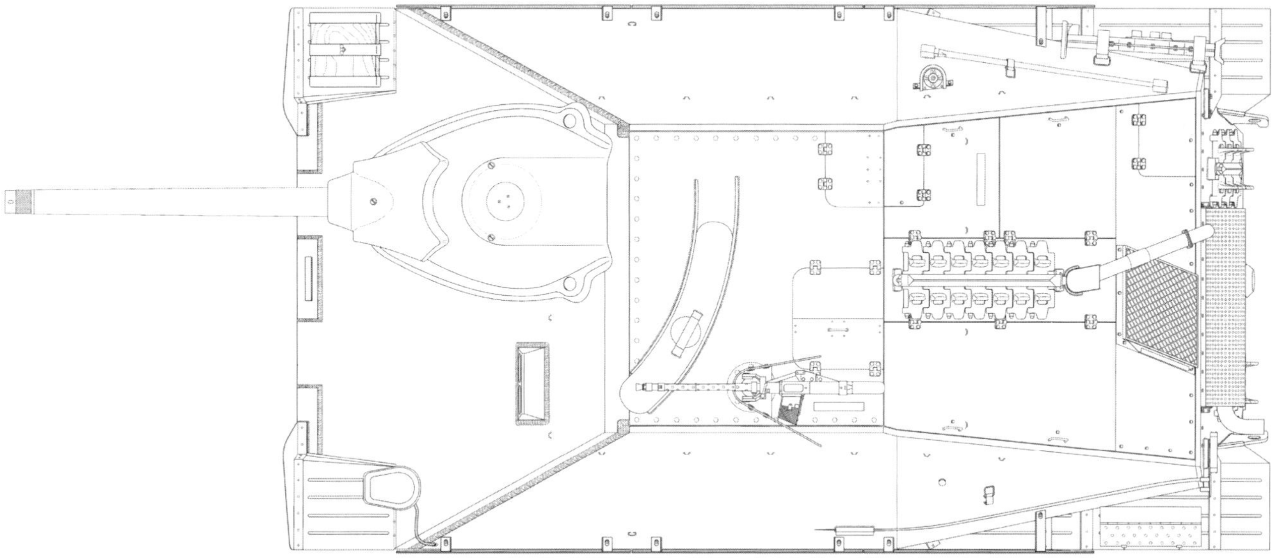

作図および写図：
スワウォミール・ザヤンチュコフスキー
Drawn and traced by Sławomir Zajączkowski

【1：35 スケール】

0 1 2 3m

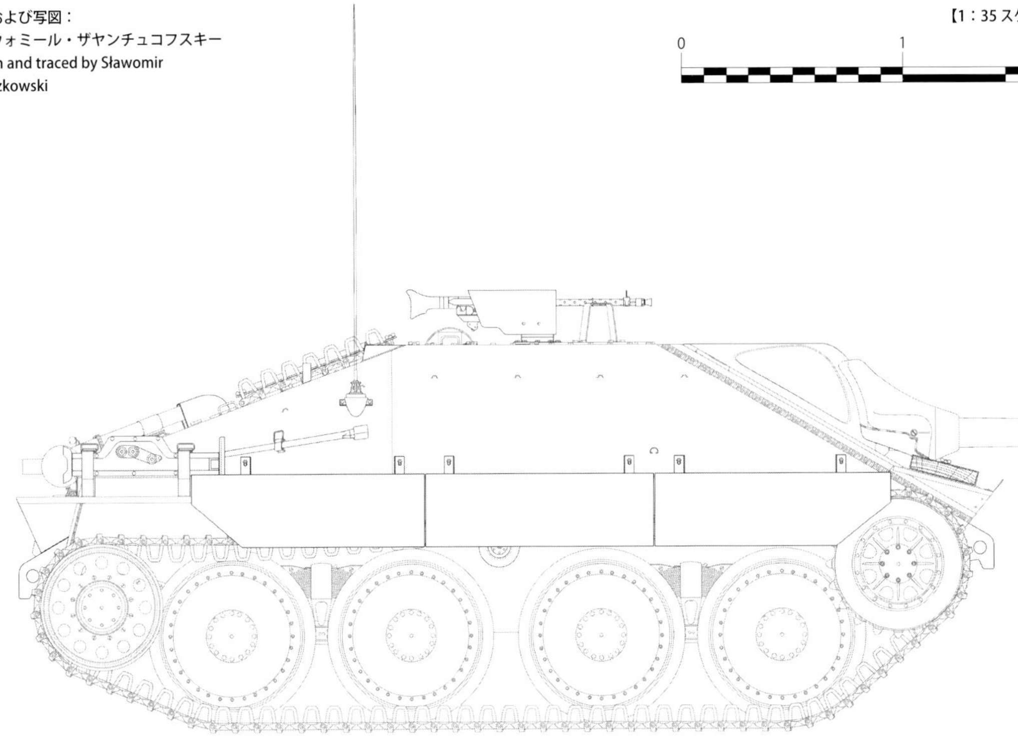

初期改修をすべて取り込み、主砲マズルブレーキと凹部つき砲架カバーを装備した38式駆逐戦車ヘッツァー初期生産型の例。この状態で完成した車輌はおそらく5~6輌はあり、試験に供されてから実戦にも使用された。

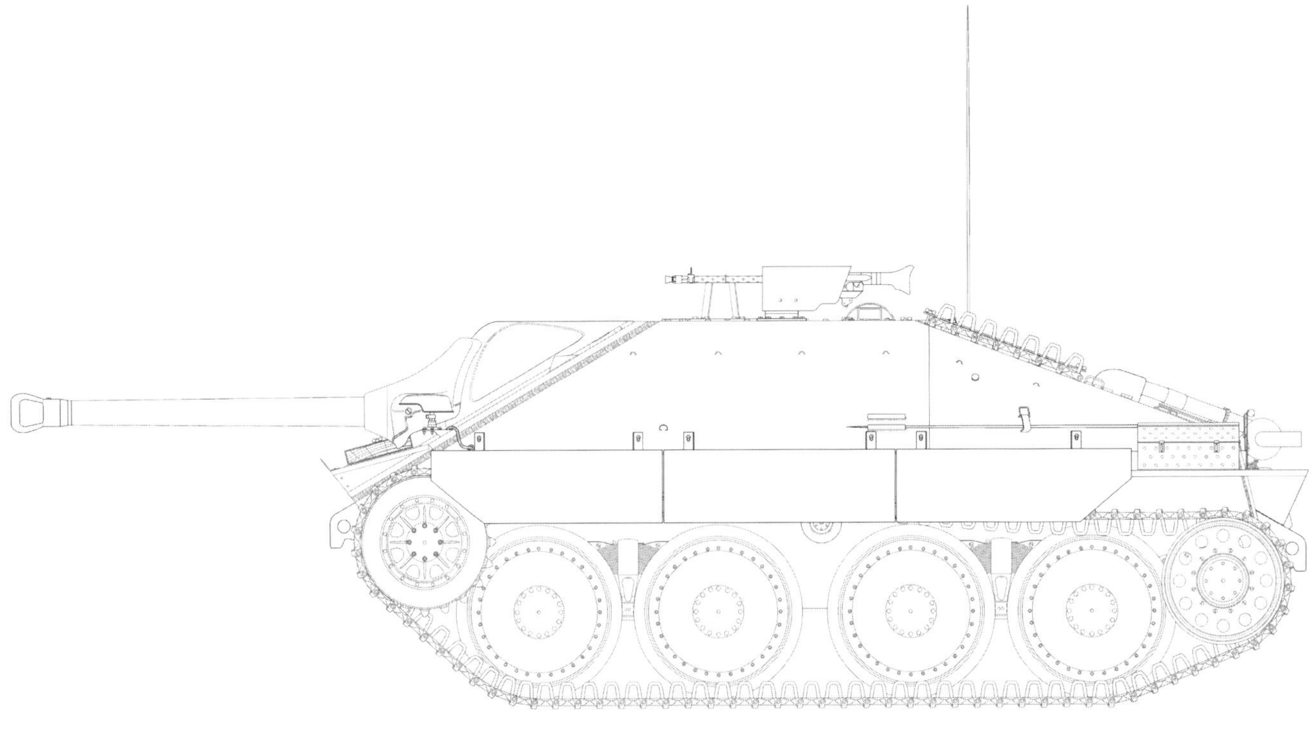

作図および写図：
スワウォミール・ザヤンチュコフスキー
Drawn and traced by Sławomir Zajączkowski

【1：35 スケール】

0　1　2　3m

通常型のノーテクライトとは異なるタイプのライトを前部装甲板の中央につけた38式駆逐戦車ヘッツァー。

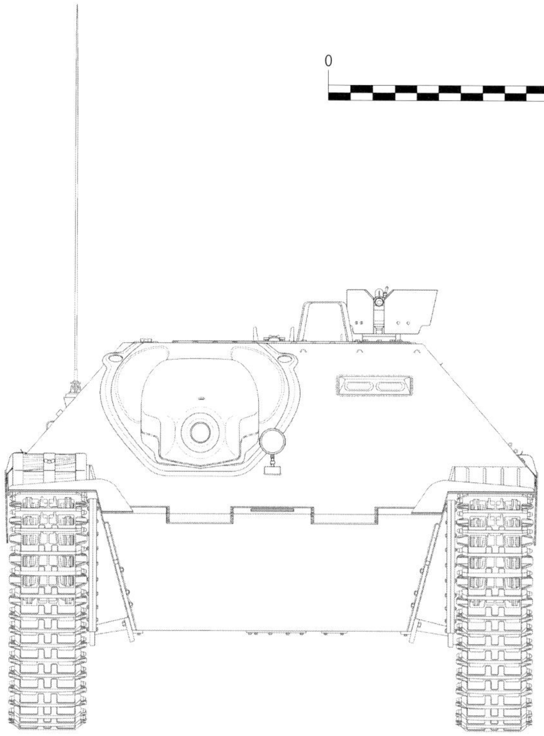

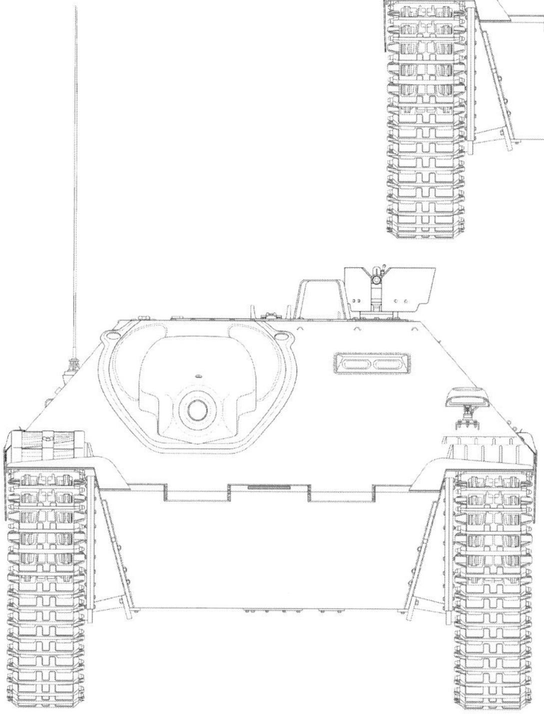

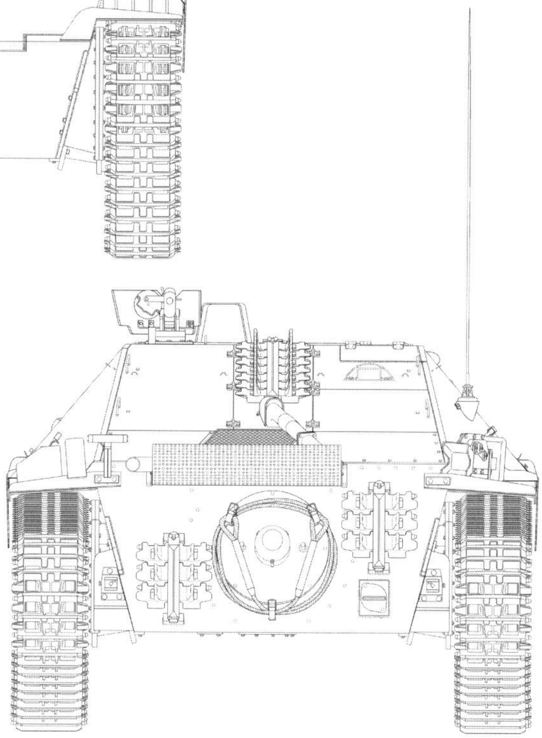

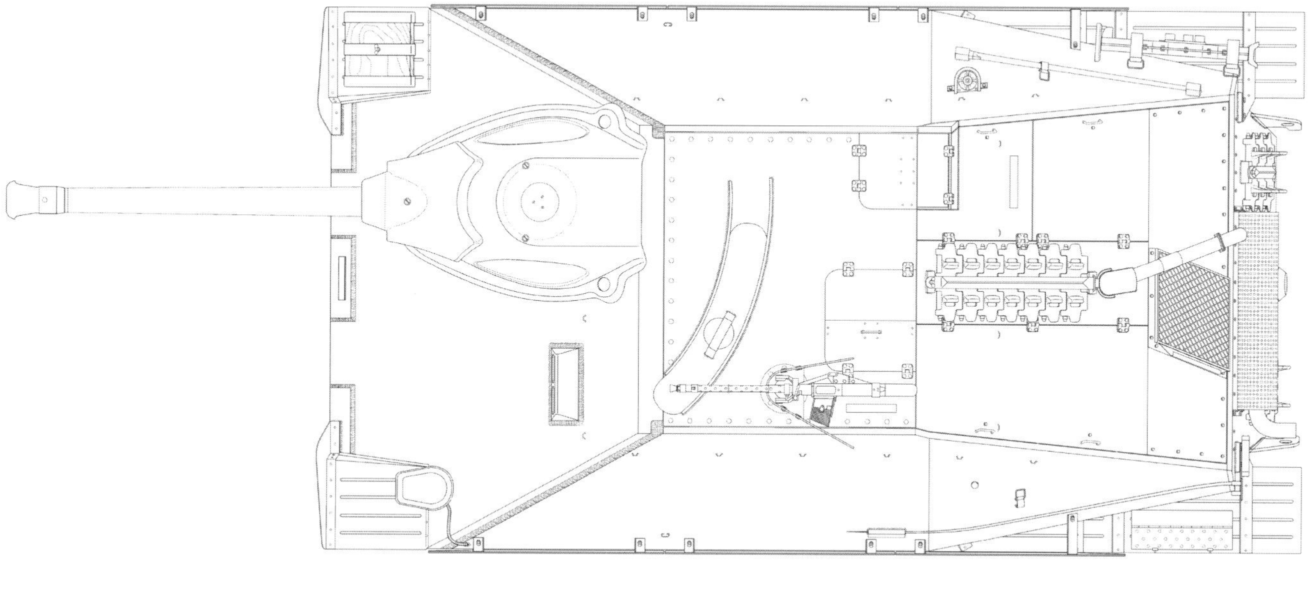

【1：35 スケール】

作図および写図：
スワウォミール・ザヤンチュコフスキー
Drawn and traced by Sławomir Zajączkowski

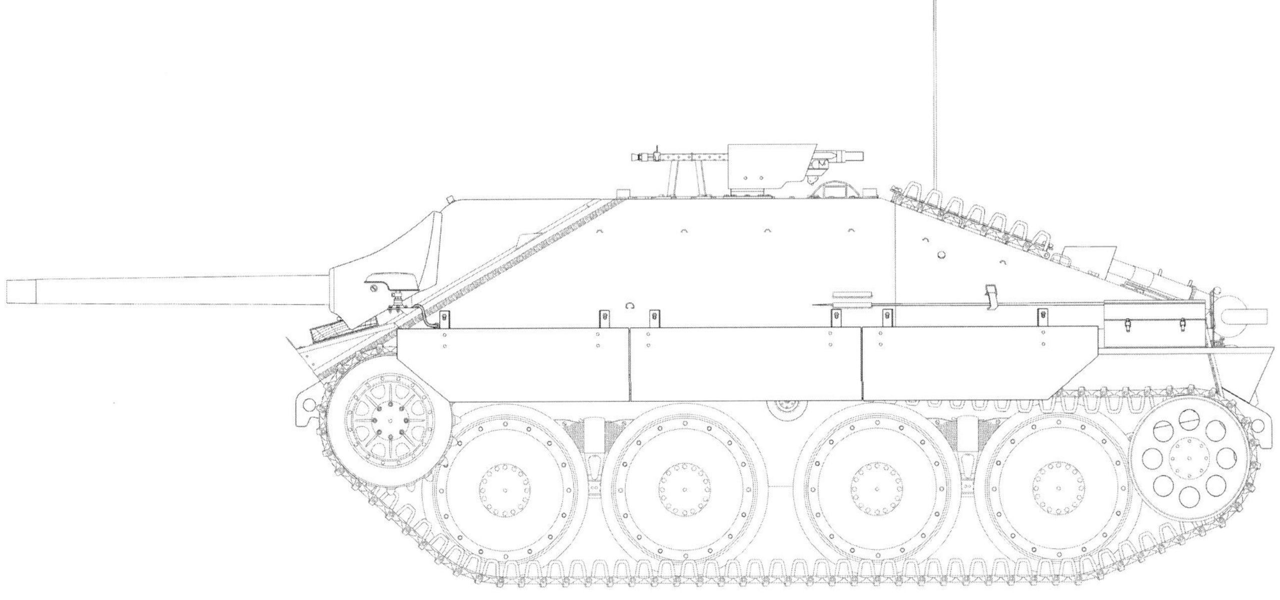

1944年の夏以降、プラハのBMM工場とピルゼンのシュコダ工場で生産されたタイプの38式駆逐戦車ヘッツァー。最大の相違点は新型の防盾と砲架カバーである。防盾は拡大されて砲架カバーの開口部を完全に覆うようになり、独特の形状（ザウコップブレンデ/猪頭防盾）をもつにいたった。防盾と砲をボルト固定していた砲架カバーの張り出しがなくなった。戦闘室上面に折りたたみ式ジブクレーン用のソケットが追加された。工具箱とマフラーカバーに多孔金属板が使用されなくなった。誘導輪は穴径の拡大された軽め穴8個のものが装着された。

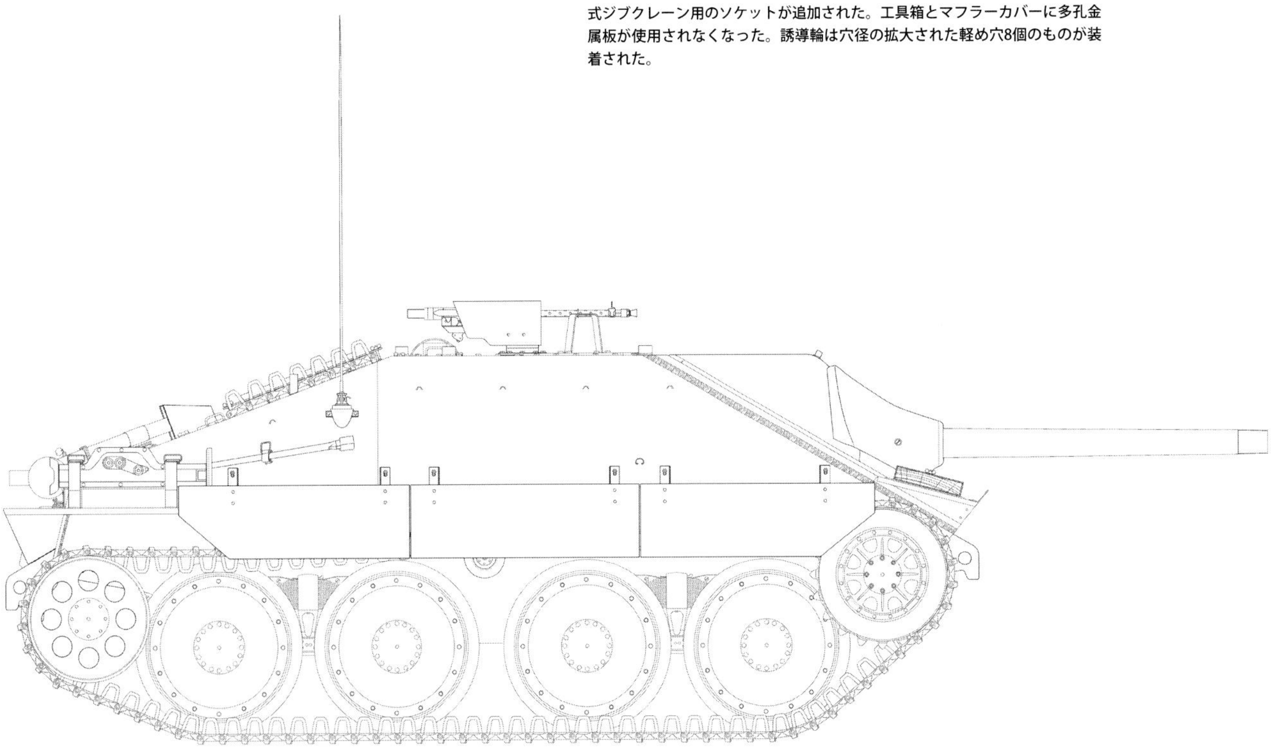

【1：35 スケール】

作図および写図：
スワウォミール・ザヤンチュコフスキー
Drawn and traced by Sławomir Zajączkowski

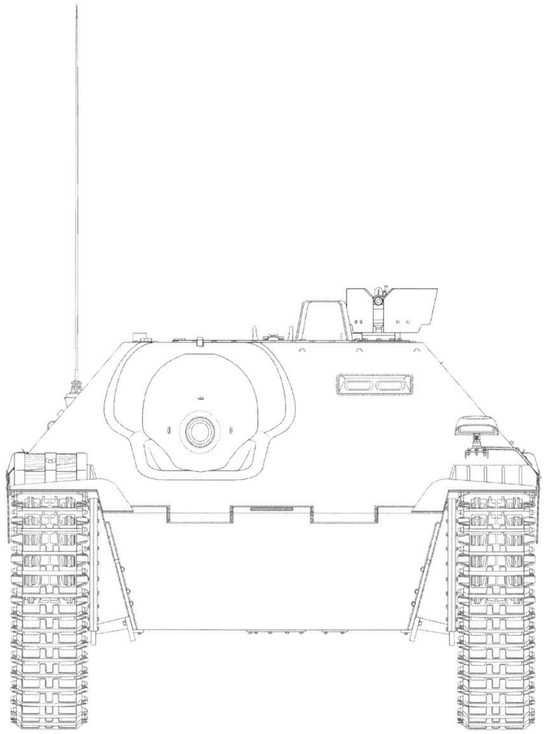

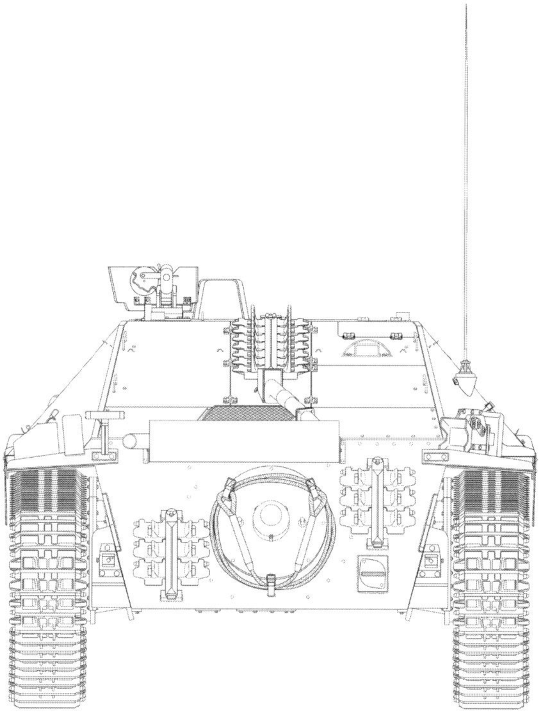

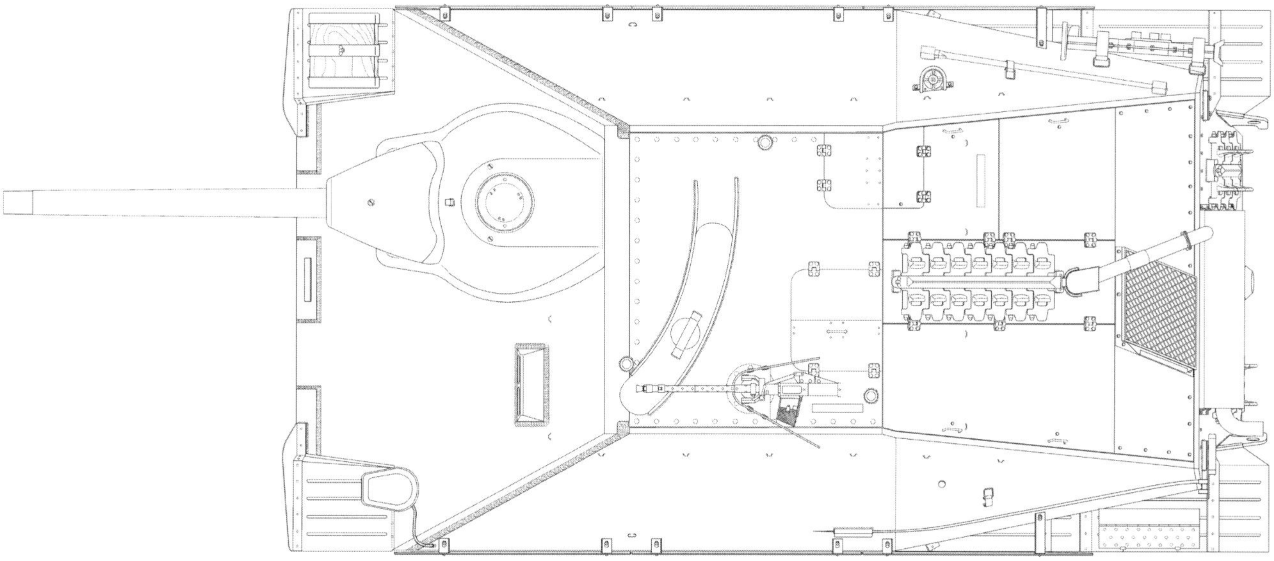

作図および写図：
スワウォミール・ザヤンチュコフスキー
Drawn and traced by Sławomir Zajączkowski

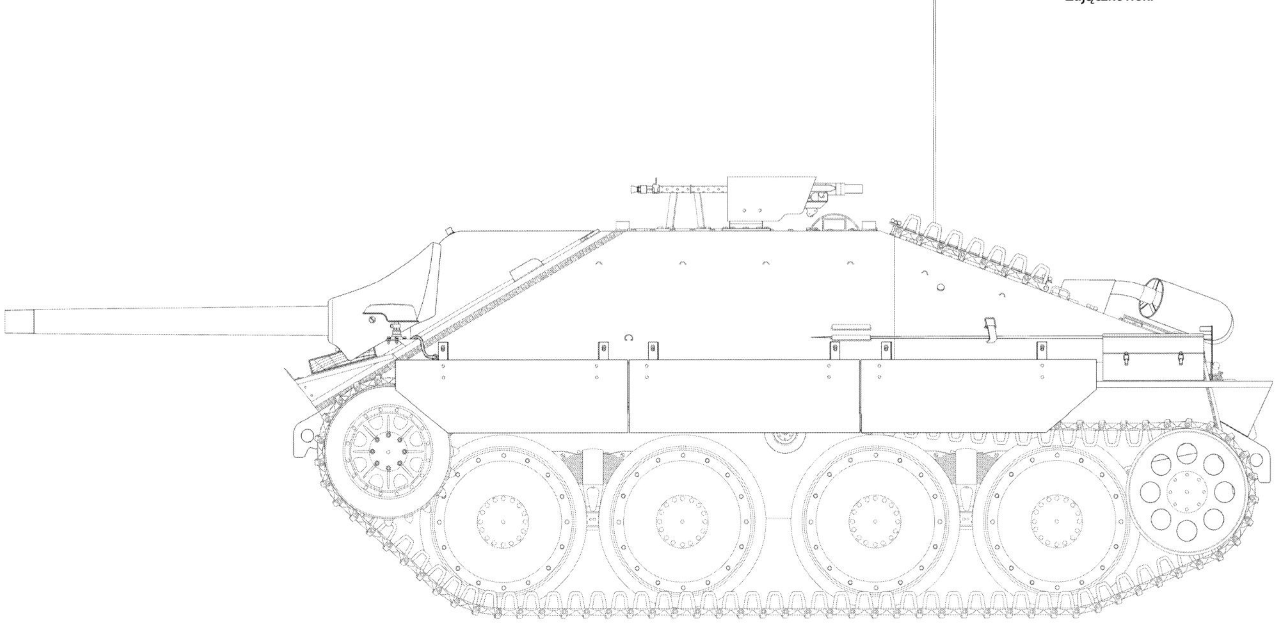

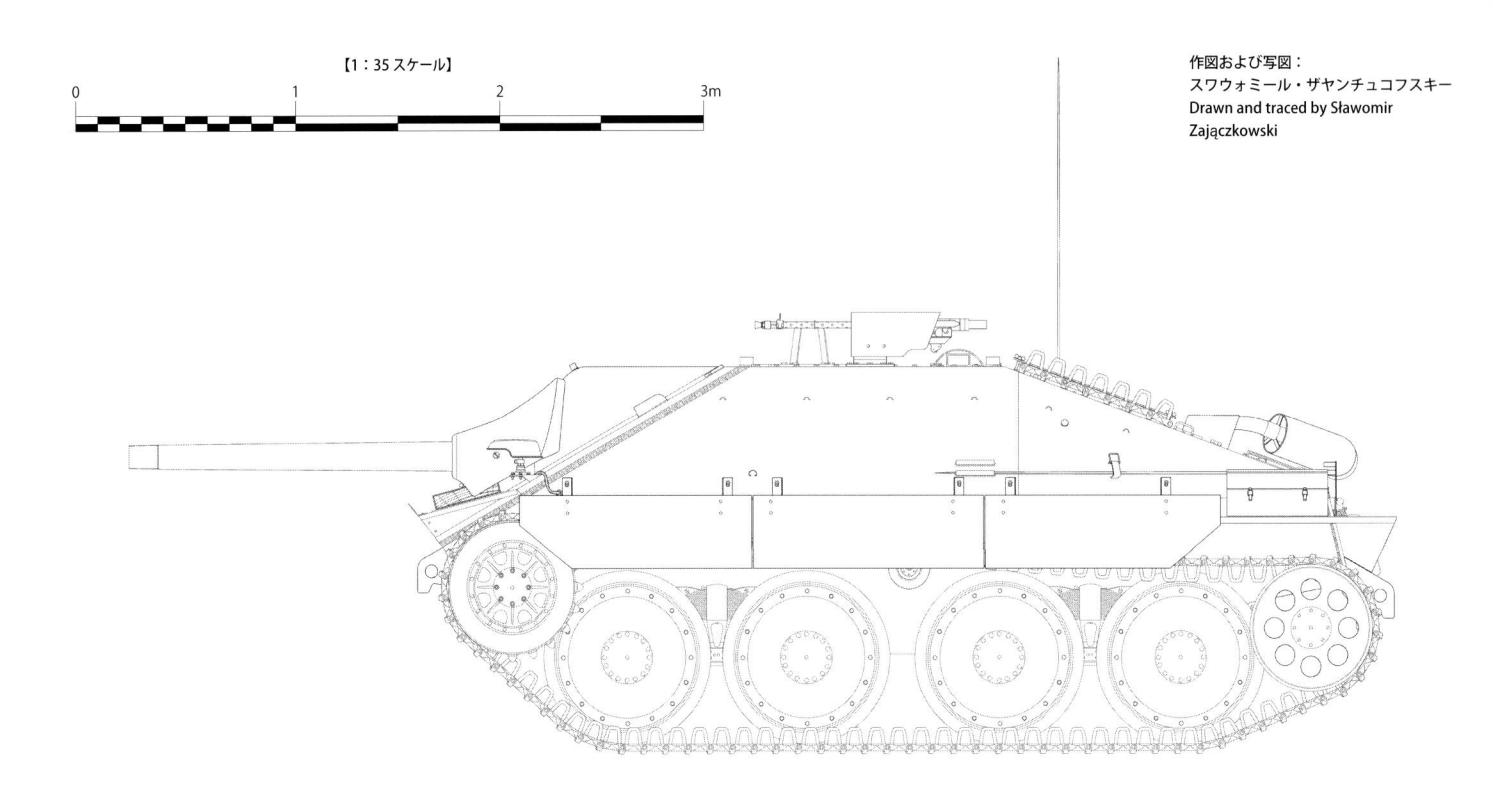

1944年12月から終戦まで生産された38式駆逐戦車ヘッツァー後期生産型の標準タイプ。改修された排気系統ではマフラーが廃止され、代わりに排気管カバーが取りつけられた。車間表示灯の位置が下がり、機関室上面の排気管の両側に把っ手つきハッチが増設された。操縦手用ペリスコープには雨よけカバーが追加された。砲架カバーの両側に矩形の板が溶接された。

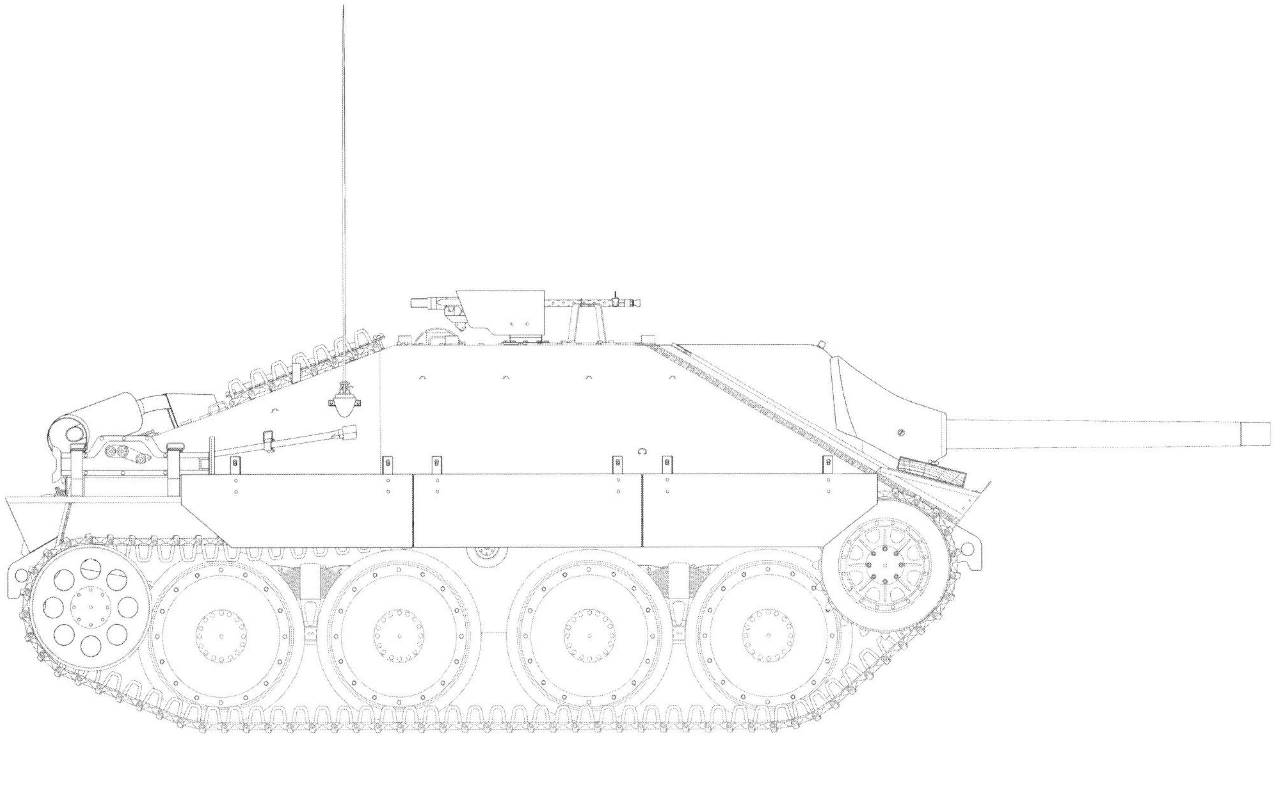

【1：35 スケール】

作図および写図：
スワウォミール・ザヤンチュコフスキー
Drawn and traced by Sławomir Zajączkowski

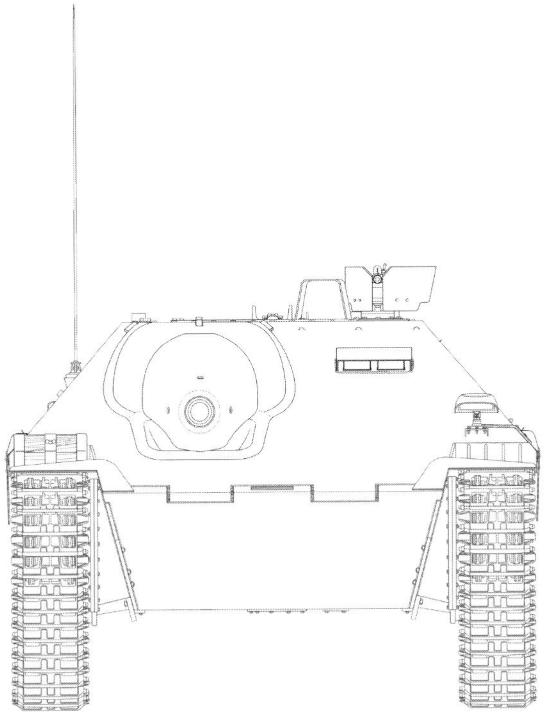

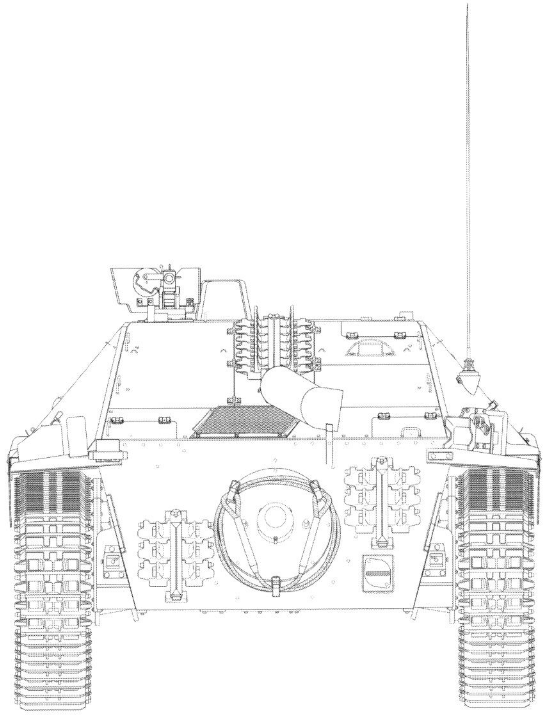

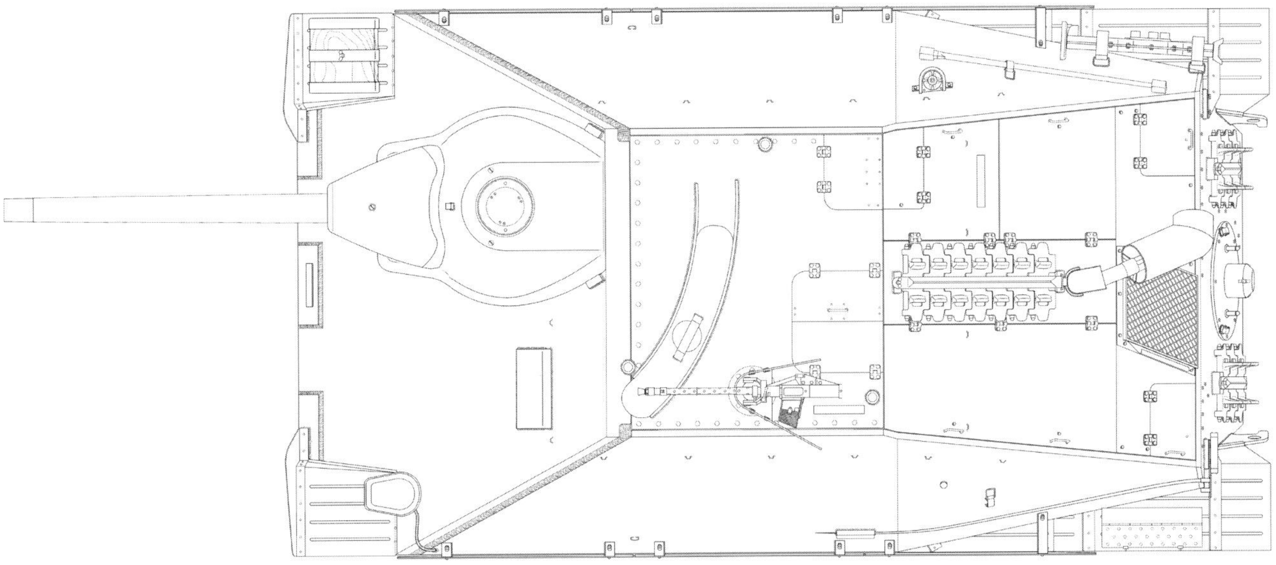

【1：35 スケール】

作図および写図：
スワウォミール・ザヤンチュコフスキー
Drawn and traced by Sławomir Zajączkowski

38式駆逐戦車ヘッツァー後期生産型の標準タイプだが、初期型の工具箱と誘導輪を装備したもの。

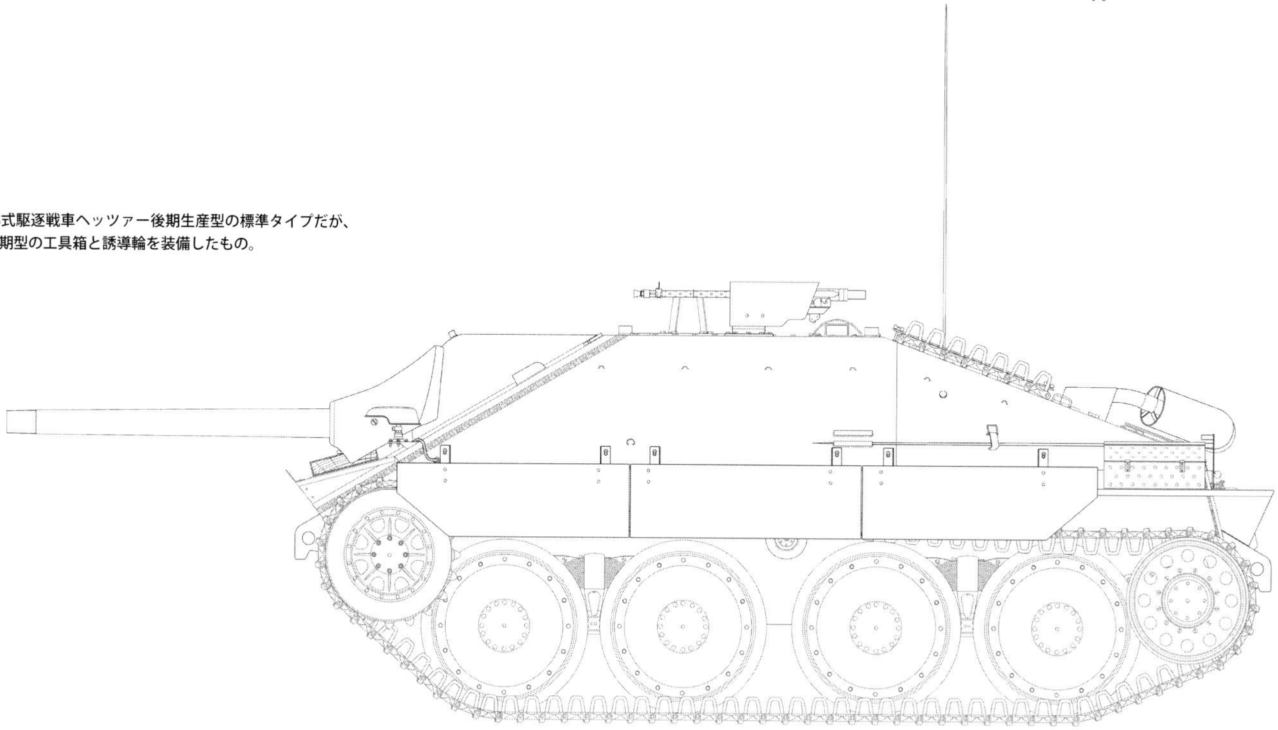

38式駆逐戦車ヘッツァー後期生産型で、改良型のリブつき誘導輪を装備したもの。1944年12月。

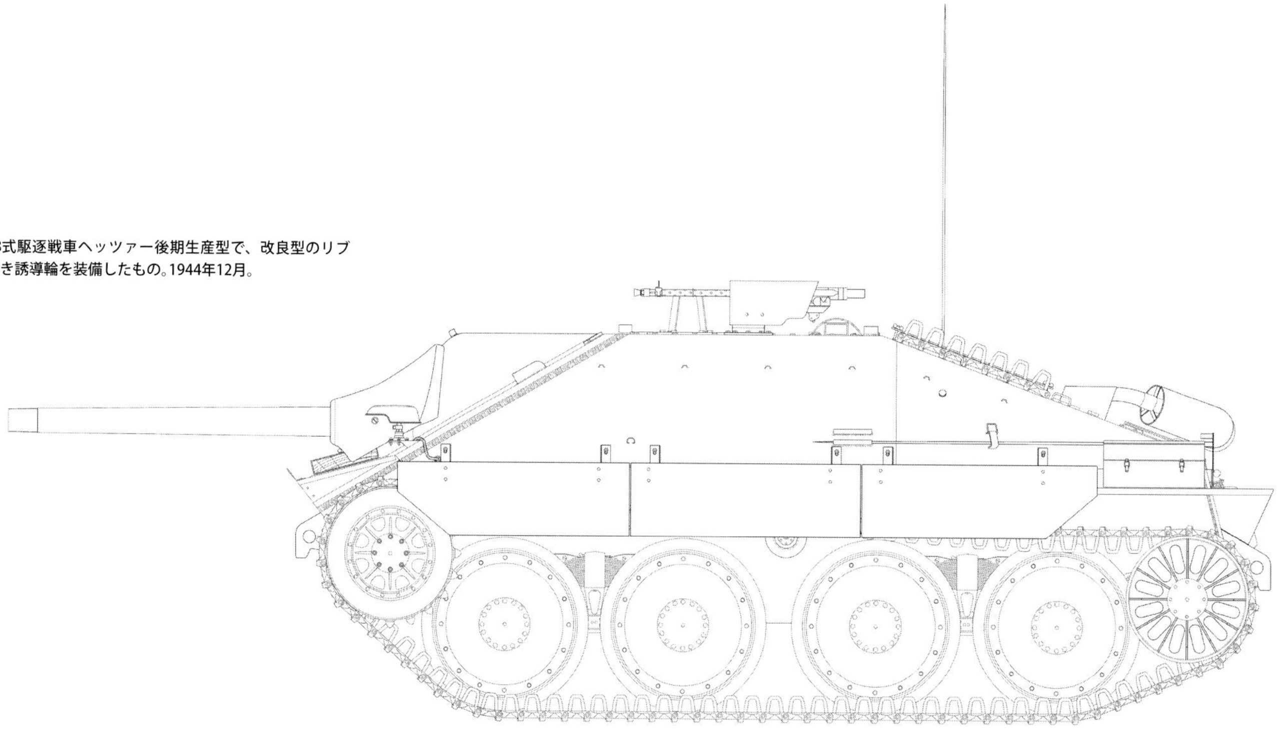

【1：35スケール】

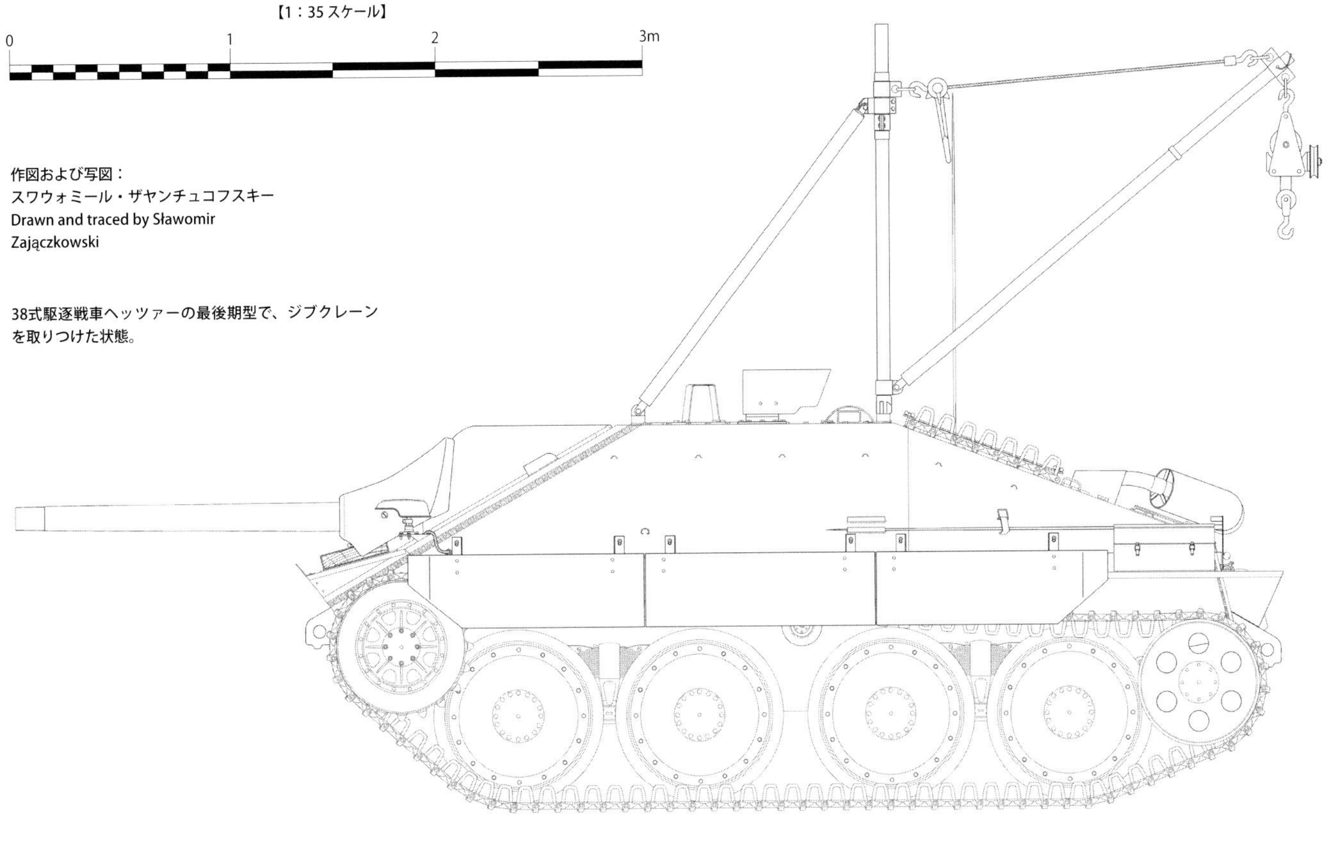

作図および写図：
スワウォミール・ザヤンチュコフスキー
Drawn and traced by Sławomir Zajączkowski

38式駆逐戦車ヘッツァーの最後期型で、ジブクレーンを取りつけた状態。

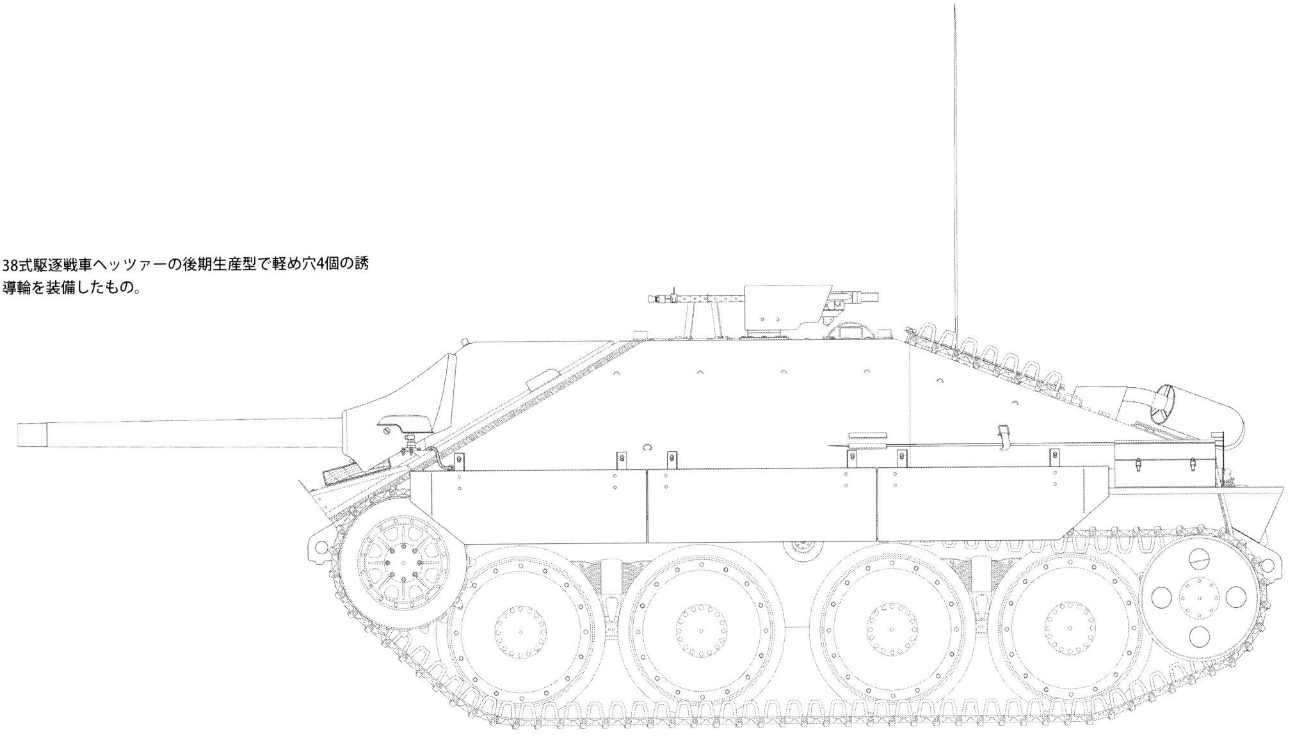

38式駆逐戦車ヘッツァーの後期生産型で軽め穴4個の誘導輪を装備したもの。

【1：35 スケール】

作図および写図：
スワウォミール・ザヤンチュコフスキー
Drawn and traced by Sławomir Zajączkowski

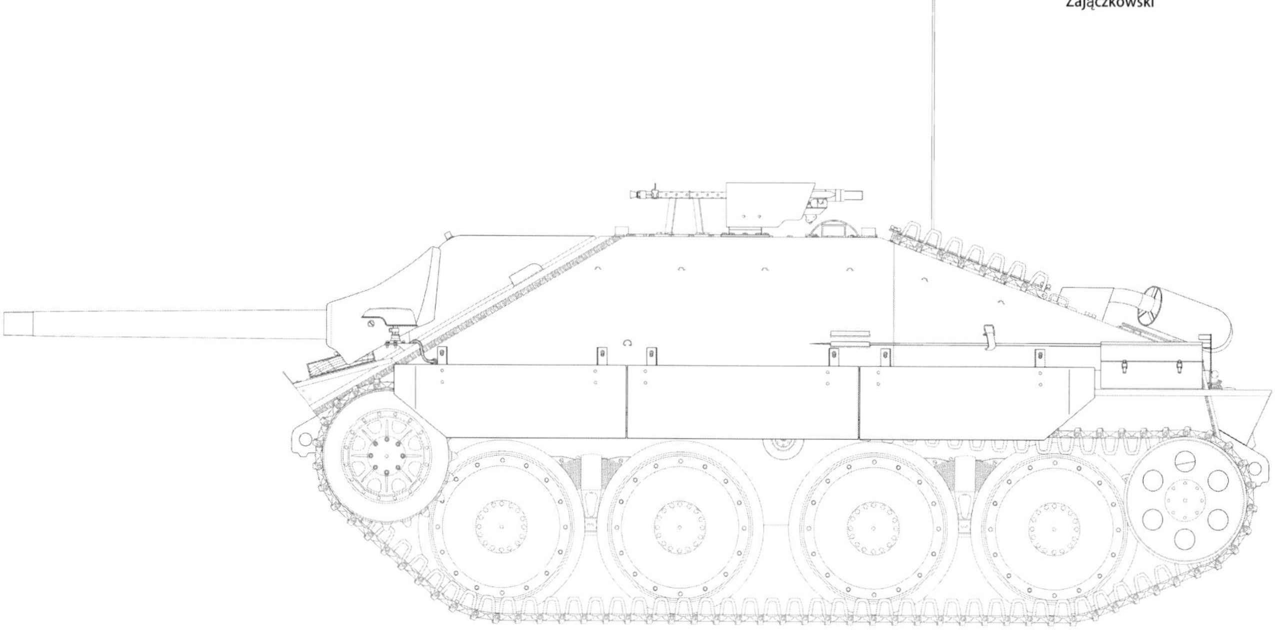

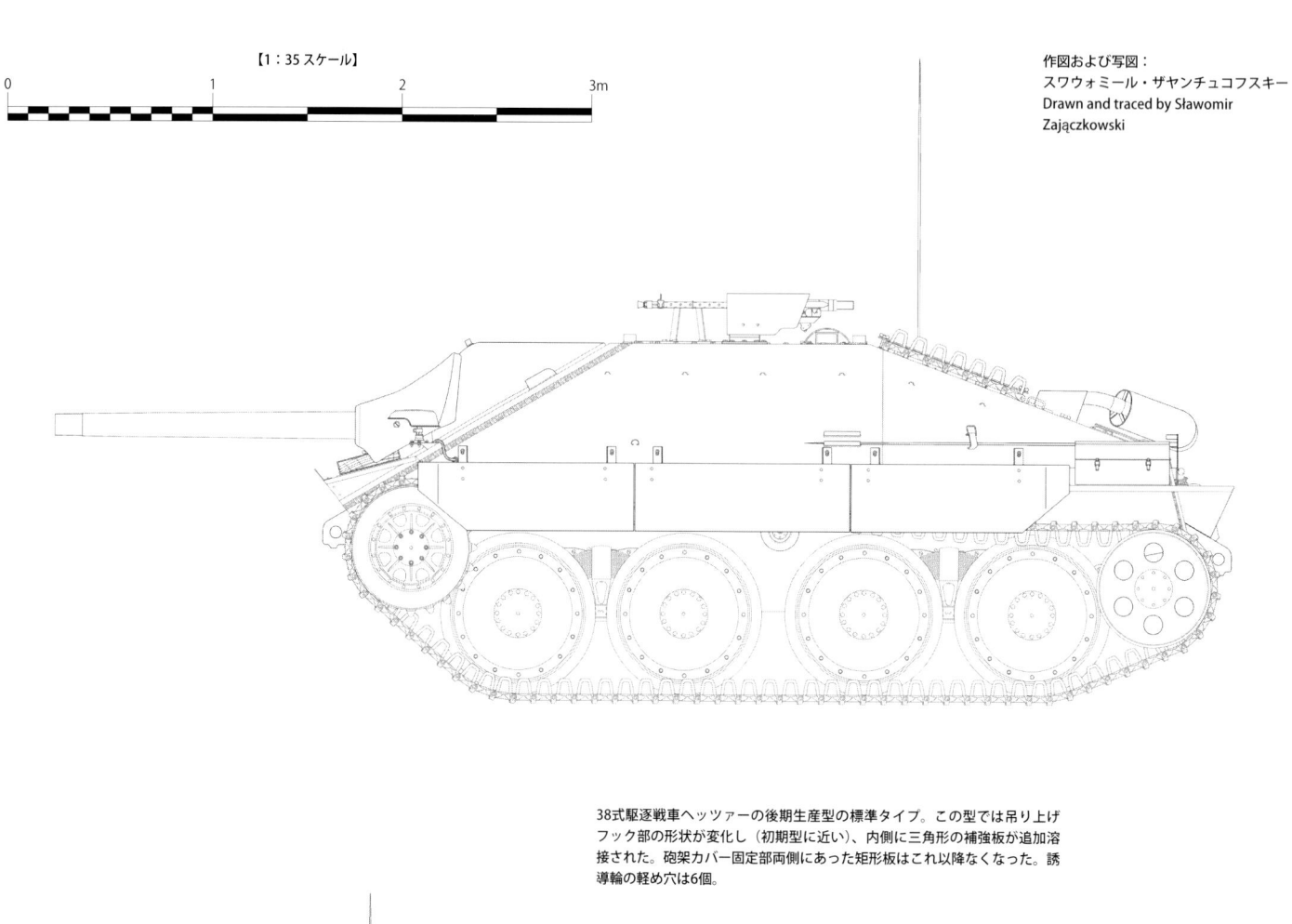

38式駆逐戦車ヘッツァーの後期生産型の標準タイプ。この型では吊り上げフック部の形状が変化し（初期型に近い）、内側に三角形の補強板が追加溶接された。砲架カバー固定部両側にあった矩形板はこれ以降なくなった。誘導輪の軽め穴は6個。

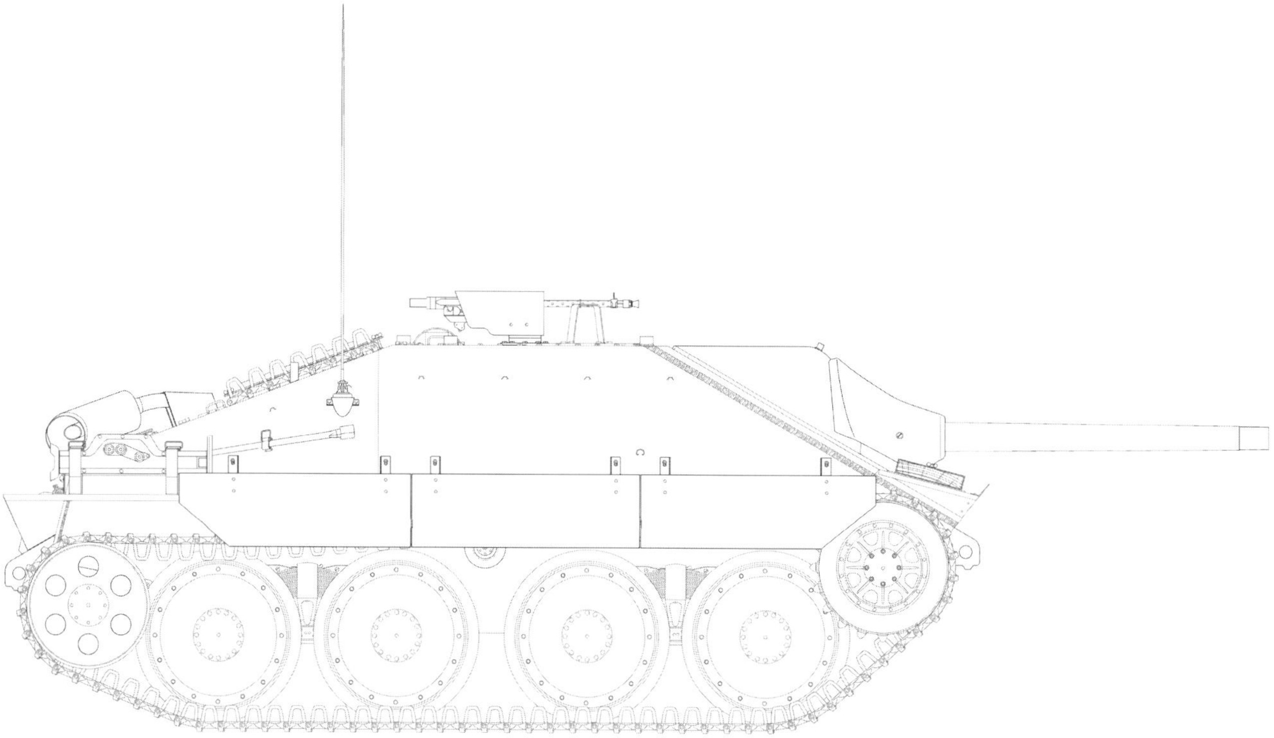

【1：35 スケール】

0 1 2 3m

作図および写図：
スワウォミール・ザヤンチュコフスキー
Drawn and traced by Sławomir
Zajączkowski

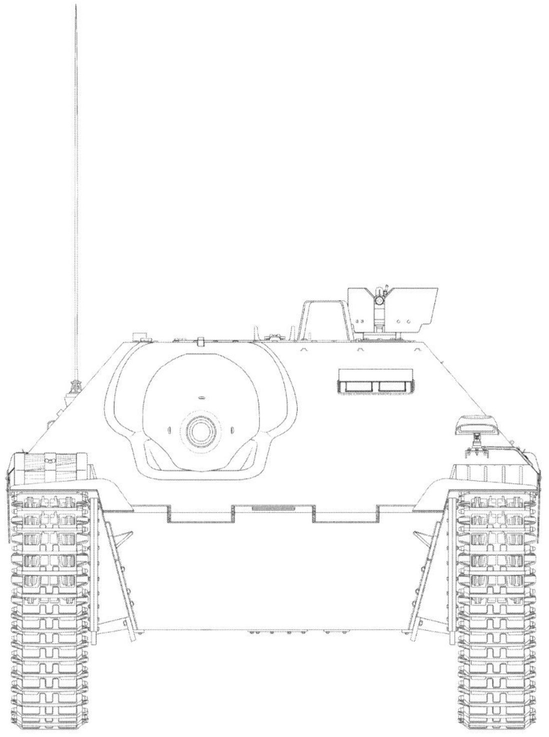

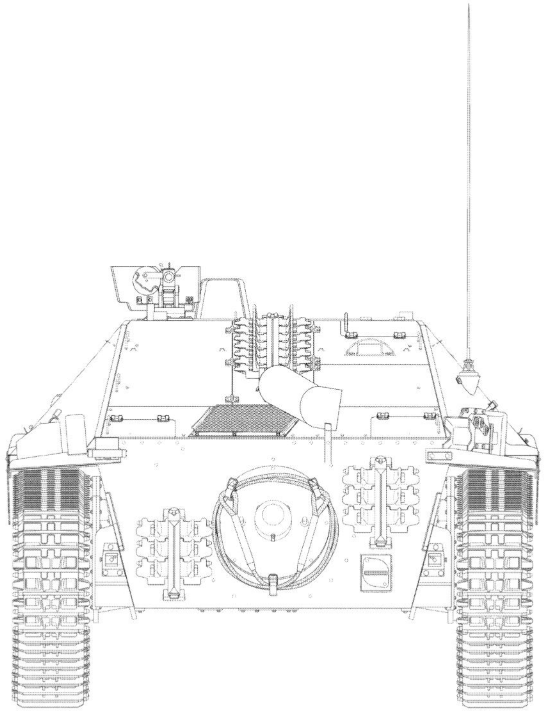

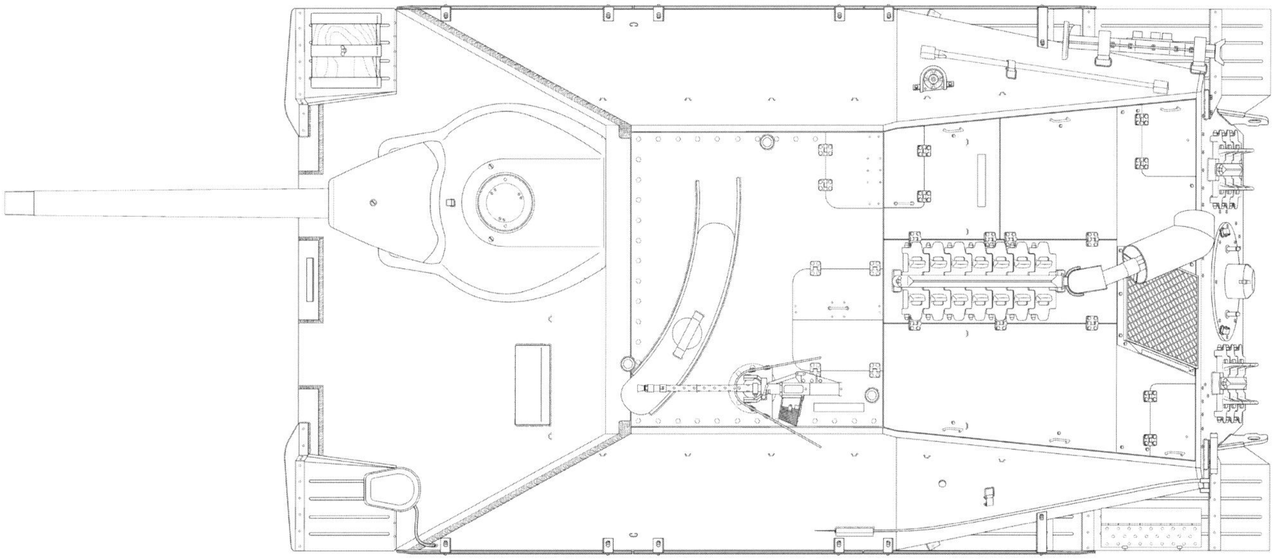

【1：35 スケール】

0 1 2 3m

作図および写図：
スワウォミール・ザヤンチュコフスキー
Drawn and traced by Sławomir Zajączkowski

▶38式駆逐戦車ヘッツァーの後期生産型で、規格外の誘導輪を装備したもの。

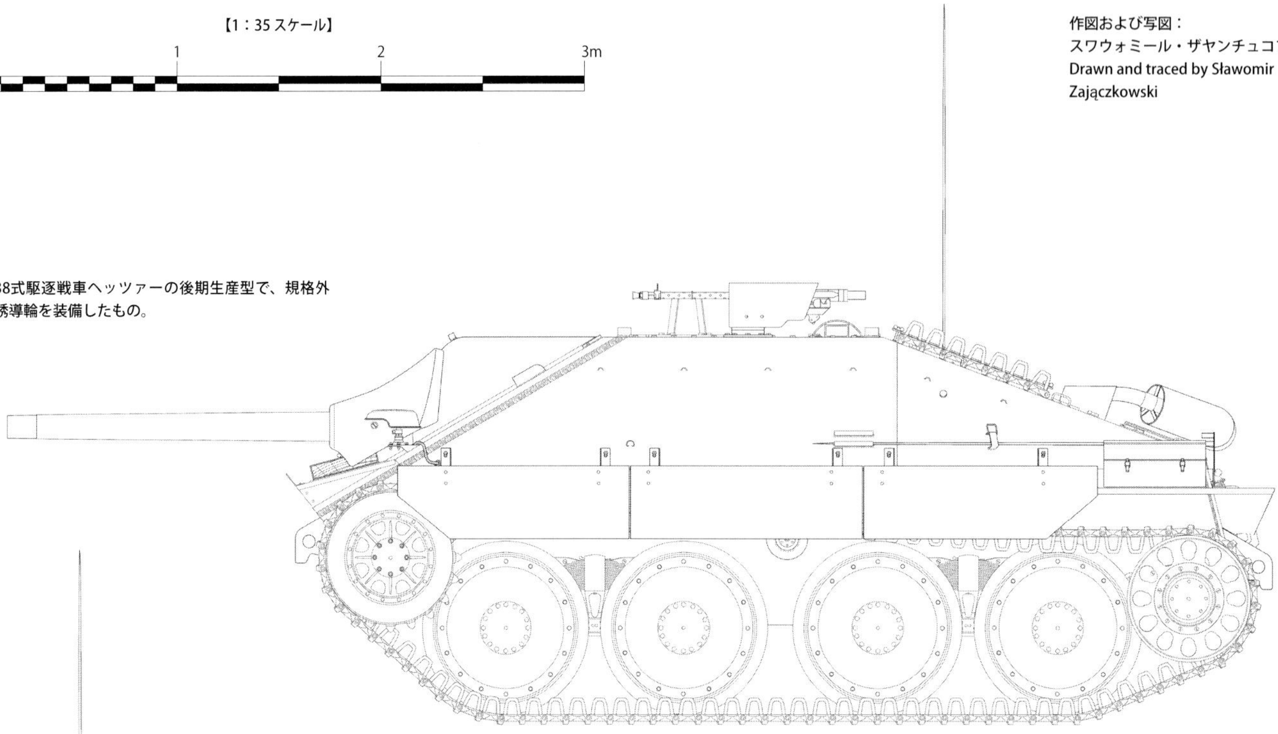

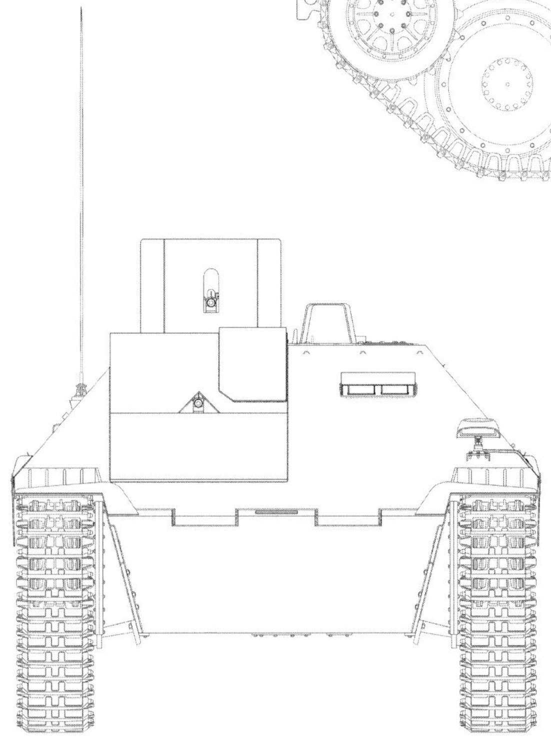

◀▼38式駆逐戦車ヘッツァーの後期生産型の標準タイプだが、駆逐戦車としては未完成だった車輌が装甲運搬車に改造された。砲架用の開口部は機銃用の小さな銃眼の開いた装甲板でふさがれた。戦闘室上面、車長ハッチ前に新たに銃眼つきの防弾板が設置された。この牽引車はプラハの修理工場で改造され、1945年5月の市街戦に直ちに投入された。

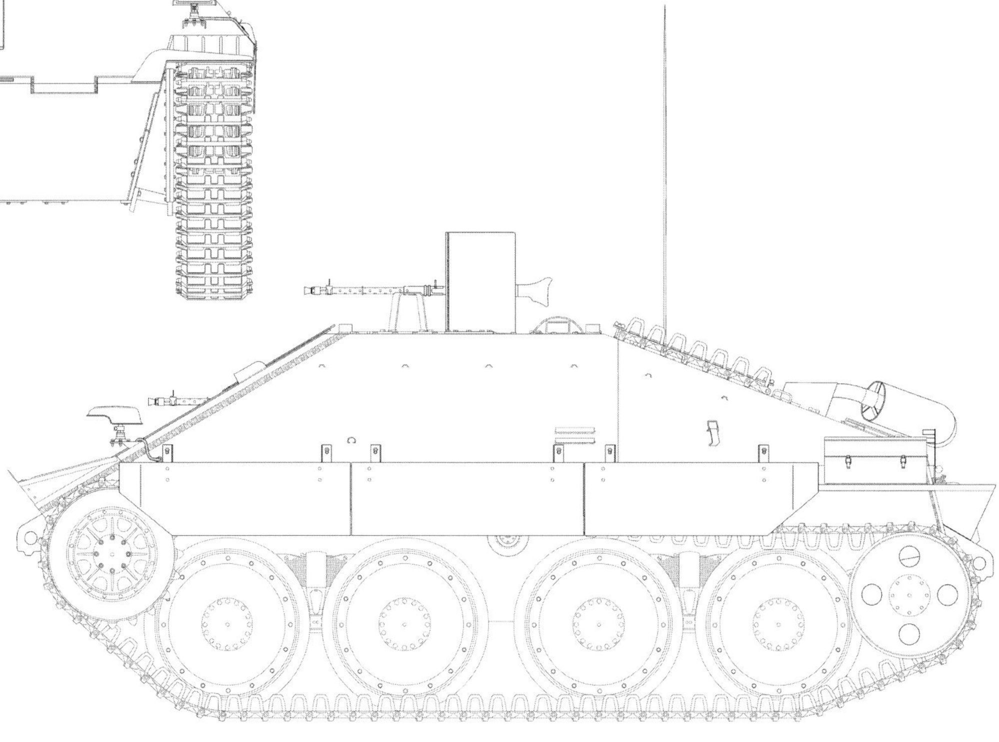

【1：35 スケール】

作図および写図：
スワウォミール・ザヤンチュコフスキー
Drawn and traced by Sławomir Zajączkowski

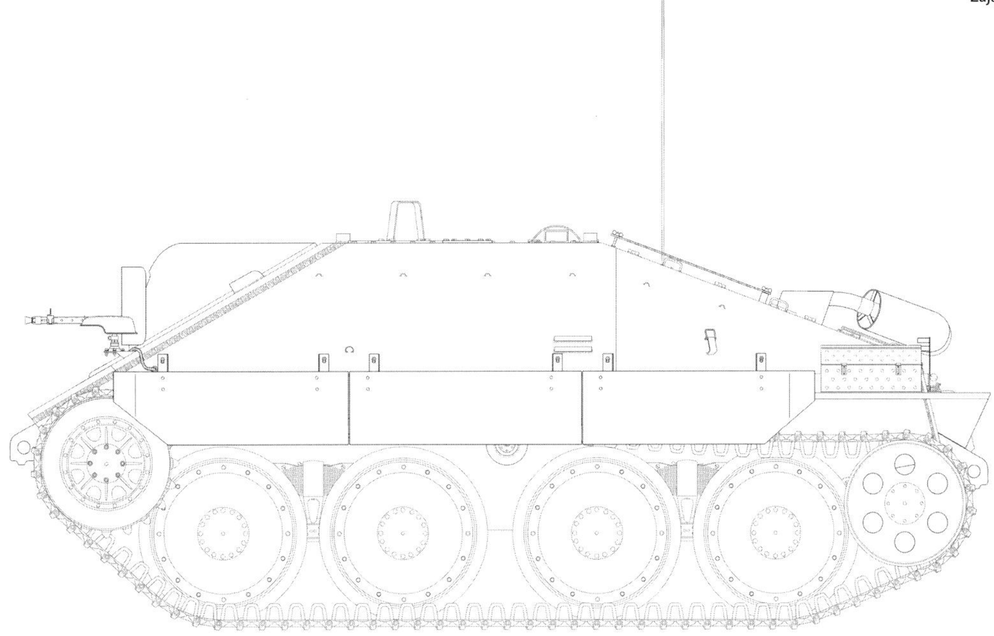

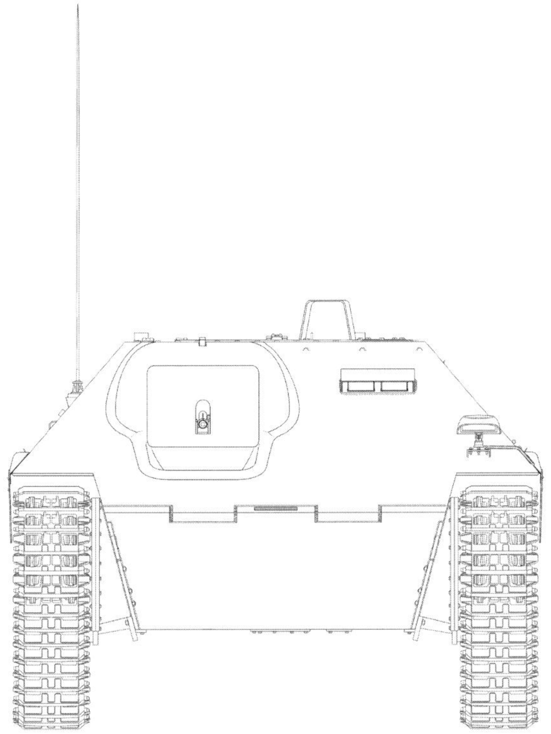

38式駆逐戦車ヘッツァーの後期生産型の標準タイプだが、プラハの修理工場で装甲運搬車に改造され対独蜂起に使用されたもの。1945年5月。本車には車体上部の機銃架がなく、前部泥よけもない。主砲の代わりに防弾板つきの機銃が取りつけられている。

【1：35 スケール】

作図および写図：
スワウォミール・ザヤンチュコフスキー
Drawn and traced by Sławomir Zajączkowski

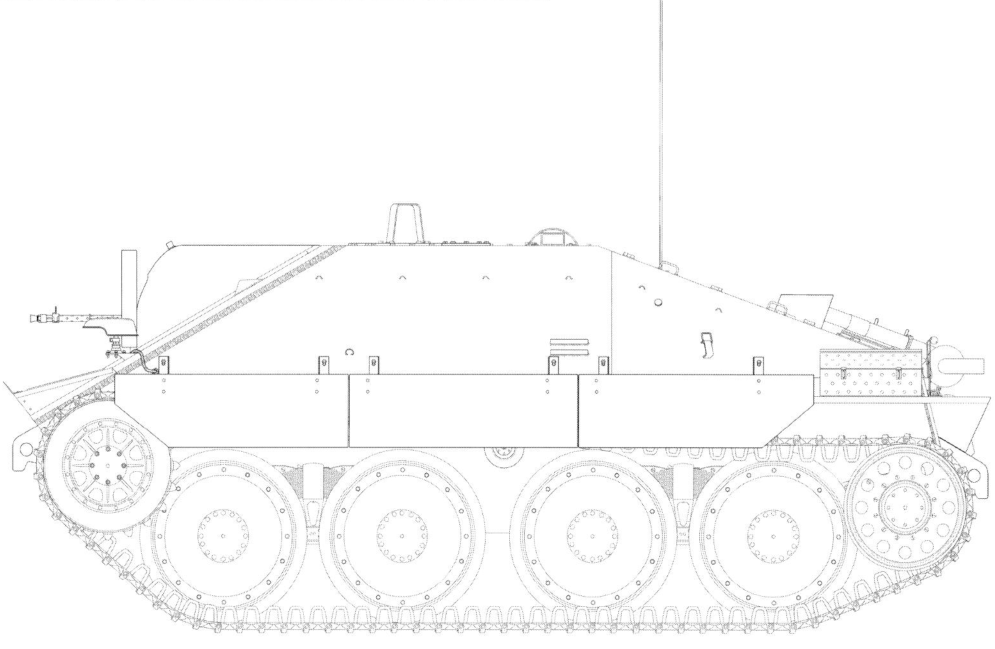

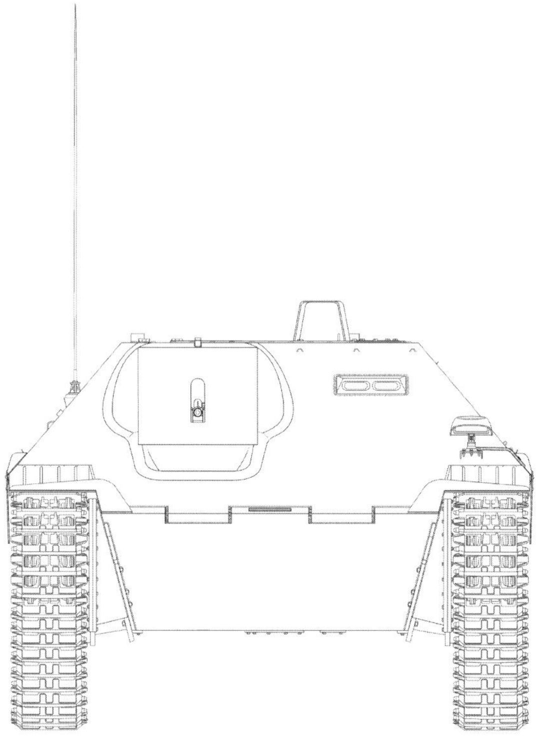

38式駆逐戦車ヘッツァーの中期生産型の標準タイプだが、1945年5月のプラハ蜂起で急造装甲運搬車として反乱軍が使用したもの。機関室装甲板からは外部装備品が一部失なわれ、車体上部の防弾板つき機銃も取り外されている。代わりに主砲用開口部に急造の防弾板をつけた機銃が装備されている。

それ以外の武装としては2丁のStG44突撃銃（Sturmgewehr）があった。これらはカンバス製の袋に弾倉6個（計180発入り）とともに収められていた。この小銃は乗員の車輌脱出後の自衛用だった。StG44をルントウムフォイアー銃架に装着する実験が生産中に行われたものの結局打ち切られたが、その試験結果については今も不明である。

ほかにも本車には革製ホルスターに信号拳銃が照明弾12発とともに装備されていた。

さらに各車にはEi. 39（Eihandgranate）卵型手榴弾20発、発煙手榴弾6発、Z.92爆薬2個が装備されていた。また乗員も個人装備としてヴァルターP38拳銃を8発入り弾倉2個とともに携行していた。

■その他の装備

乗員用として各車に消耗品の補助装備品が標準装備されていた。それには戦闘室後部に収納されていた応急手当キットと携帯消火器があった。機関室の右側には5kgハンマー、シャベル、ガソリン式ブロートーチが装備されていた。始動クランク、漏斗つき給油ホース、オイル缶はバッテリー容器上面の専用取りつけ金具に装備されていた。車外では前部右泥よけに金属被覆つきオーク材製ジャッキ台が取りつけられていた。ジャッキ自体は後部右泥よけ上に装備されていた。その上方の装甲板には長さ70㎝の鋼製バールが取りつけられていた。後部左泥よけには悪路踏破時に履帯に装着する防滑具15個と牽引ロープ結束具を収めた箱があり、牽引ロープはファンカバーの円周に沿って巻かれて装備されていた。その左右には予備履帯が3枚ずつ装備されていた。さらに別の予備履帯7枚がアクセスハッチに挟まれた機関室上面装甲板に取りつけられていた。1944年の夏以降に生産されたヘッツァーには戦闘室上面装甲板の隅に2トンジブクレーン取りつけソケットが3ヵ所設けられていた。このクレーンはエンジンなどの重量物の交換に使用された。

38（t）式駆逐戦車ヘッツァーの技術諸元　Technical data of the Jagdpanzer 38（t）Hetzer

◆乗　員	4名
◆全　長	6.27m
◆全　長（砲含まず）	4.87m
◆全　幅	2.65m
◆全　幅（サイドスカート含まず）	2.50m
◆全　高	2.10m
◆履帯接地長	3.02m
◆履帯幅	0.35m
◆重　量	16トン
◆接地圧	0.78kgf/㎠
◆最大速度	
一路上	40㎞/h
一路外	25㎞/h
◆航続距離	
一路上	160㎞
一路外	80㎞
◆登坂力	30°
◆超堤高	0.65m
◆渡渉水深	1.10m
◆超壕幅	1.50m

エンジン

◆型式名	プラガAE
◆出力	118kW（160馬力）
◆排気量	7754cc
◆最大回転数	2800rpm
◆燃料タンク容量	320ℓ
◆燃料消費量	
一路上	180ℓ/100㎞
一路外	250ℓ/100㎞

武装

◆主砲型式	ラインメタル＝ボルジヒ製7.5㎝ Pak39×1
◆口径	7.5㎝
◆砲身長	48口径
◆携行弾数	40～45発
◆発射速度	12～14発/分
◆機銃型式	7.92㎜MG34×1
◆機銃弾携行数	600発

装甲

◆前面	60㎜
◆側面	20㎜
◆上面	8㎜
◆底面	10㎜

カモフラージュとマーキング

Camouflage and markings

機甲部隊の迷彩が標準化されたのは、通説では1943年2月18日の陸軍通達第181号によるとされている。この文書はダークイエロー（RAL7028ドゥンケルゲルプ、『ヴェールマハト・オリーフ』とも）を装甲車輌の基本色とするよう定めていた。配備開始時のヘッツァーはこの通達にしたがって工場塗装された。この塗装は訓練部隊でもよく使われていた。戦術識別マークの記入は戦闘部隊への引き渡しに先立ち、前線の物資集積所で行なわれた。小型の黒い桁十字の国籍標識が車輌番号とともに車体両側面に描かれた。番号は3桁で白縁つきの黒で記入された。

戦訓の結果、さまざまな迷彩塗装が編み出された。オリーブグリーン（RAL6003オリーフェグリュン）とダークレッドブラウン（RAL8017ロートブラウン）の不規則にうねる帯やまだらが基本色のダークイエローの上に重ねられた。1944年11月からは新たにレンガ色に近い茶色（RAL8012ロートブラウン）が導入された。塗装された帯やまだらに対照色の縁取りがつくこともあった。例えばダークイエロー地にグリーンの斑点がある場合、その輪郭部にダークブラウンを塗ることがあった。大半の場合、多色迷彩は工場で塗装されていた。各色の割合は季節によって異なっていた。秋にはブラウンが割合を増し、春にはグリーンが多用された。

ほかに広く使用された迷彩パターンとして、『光と影（Licht und Schatten）』と名づけられた壮麗で非常に効果的な迷彩があった（連合軍はこれを『待ち伏せ迷彩（ambush scheme）』と呼んでいた）。このパターンでは対照色の細かい点や斑点が従来の三色迷彩の上に不規則に散りばめられた。これには2色のタイプもあった（理由は明らかに塗料不足）。大戦末期に近づくにつれ、ドイツの経済的窮乏と物資不足によりこうした二色迷彩の例が増えていった。塗料不足の問題にもかかわらず、この迷彩パターンは木の枝を組み合わせると敵の目から効果的にヘッツァーを隠しおおせた。斑点はBMM工場ではスプレー塗装だったが、シュコダでは刷毛塗りだったのではっきりしないこともあった。

走行転輪はすべて工場で塗装され、塗装方法と使用色は変わらなかった。転輪の色は現地部隊や前線

▶BMM工場の構内で撮影された38式駆逐戦車ヘッツァー。1944年夏。本車はすでに軽量型の砲座カバーを装着しているが、その外縁部が狭く削り出されている点が変わっている。38式戦車回収車に標準装備されていたジブクレーン用の円筒形ソケット3個が車体上面に見られる。本車には『光と影』迷彩が丁寧にほどこされている。

▲プラハのBMM工場でのヘッツァー、1944年夏。本車は軽量型砲架カバーと改修型のザウコップ防盾を装備している。

▼本車は誘導輪も変更されており、軽め穴が8個に減少したが、穴径は拡大された。この型の時期では走行転輪はまだ変化していなかった。本車は『光と影』迷彩だが、この塗装は車輌とともに進化し、前線の状況によっても変化した。この迷彩パターンは英語文献では『アンブッシュ』と呼ばれることも多い。

▲1944年夏、シュコダ工場製の38式駆逐戦車で、同社の『光と影』迷彩の特徴がよくわかる。

▶同じ車輌を後方から見る。本車には車体側面の予備アンテナラック、MG34機銃、さらに側方と後方の光学装備がまだなく未完成。6月以降に生産された車輌に取りつけられた戦闘室上面装甲板のジブクレーン用ソケットがよくわかる。

▲BMMで最初に組み立てられた車輌のひとつ。塗装はダークイエロー単色。走行転輪の二色迷彩の塗り分けが珍しい。

▲シュコダ工場製のヘッツァー初期型。本車は『光と影』迷彩をまとっている。前線から修理のために鉄道輸送されたもの。

近くの集積所で斑点やまだらを追加されたり、まったく別の色に塗り変えられることもあった。車内は白かクリーム色に塗られていた。

冬になると駆逐戦車は水溶性塗料か石灰で全体を白く塗られた。そのため冬季迷彩は落ちやすく、白の上塗りが剥げて地色が部分的にのぞいていることも多かった。春や夏には迷彩の上に木の枝と葉が加えられた。枝類は装甲板に溶接された輪に挿し込まれたり、その輪に通されたワイヤーで固定された。まれにカモフラージュネットが使用されることもあった。

ドイツ軍車輌の前面装甲板には師団などの部隊を示す線画や紋章と黄色の戦術マークがつけられていた。乗員たちが自分でマークや文字（女性名が多かった）を追加することもあった。規定どおりの迷彩をしていた車輌では前線での経験から乗員が塗装を変更することもあった。変更は大がかりな場合もあり、各色の割合が変化したり、1色を省くこともあった。こうした変更の理由には第三帝国の厳しい補給状況もあり、基本色であるダークイエローの塗料が不足することさえあった。

プラハ蜂起中、チェコ人反乱軍に鹵獲された車輌の大部分はグリーンやブラウンの斑点のないダークイエロー1色のものだった。チェコ人は装甲板にチェコスロヴァキア国旗を描くのが一般的だった。味方のヘッツァーをより識別しやすくするため本物の旗も取りつけられた。側面装甲板に白で愛国主義や戦意を鼓舞する文言が書かれることもあった。

◀ヘッツァーの極初期生産型で、安全性が向上した新型操縦手バイザーを装備している。本車の迷彩は2色しか使用してないが、これは大戦末期の第三帝国の補給状況が逼迫していたため。

▼米軍に鹵獲されたヘッツァー。本車は不規則なまだら模様からなる三色迷彩で、走行転輪は標準の単色塗装。装甲板と泥よけ上に通常装備されている工具類が欠落しているのに注意。

実戦への投入

The service

ドイツ軍はすべての標準編成の歩兵師団にヘッツァー軽駆逐戦車を配備するという壮大な（当時としては非現実的な）計画を実行しようとしていた。国防軍はヘッツァーを山岳師団、猟兵師団、擲弾兵師団、国民擲弾兵師団にも配備しようと計画していた。武装SSでもこの新型車輌をSS擲弾兵師団、SS騎兵師団、SS機甲擲弾兵師団などの部隊に装備する計画があった。

これらの計画に戦車師団が含まれていなかったのは、より大型の駆逐戦車を装備する予定だったからだった。それでも本新型車輌の必要数は膨大であり、配備スケジュールは厳しかった。各師団には軽駆逐戦車中隊1個が配備される予定だった。これらの中隊は師団の対戦車大隊所属となるはずだった。師団対戦車大隊はヘッツァー中隊に加え、本部中隊、高射砲中隊、被牽引砲ないし突撃砲を装備した対戦車中隊で構成されていた。軽駆逐戦車中隊は各4輌からなる小隊3個で編成された。中隊本部にはさらにヘッツァー2輌、幕僚車3台、38式戦車回収車1輌に加え、トラック14台からなる輸送隊が所属した。さらに車輌を支援する歩兵の小部隊が加わるので、各駆逐戦車には機銃チームが1個つくこととなった。こうした混成部隊は個々に戦闘に投入される部隊よりも協同性や有効性に優れ、非常に有用だった。対戦車中隊には合計で14輌の38式駆逐戦車と1輌の38式戦車回収車が所属した。

ヘッツァーの戦闘部隊への配備計画には短期間で乗員たちに新型車輌の操作法と修理法、さらに運用戦術を教育するための訓練システムの確立が必要だった。そのための機関——戦車猟兵学校（Panzerjägerschule）の最初のものは1943年末にオランダのウェセペ村に設立された。同校は38式駆逐戦車ヘッツァーの乗員だけを養成した。半年も経たないうちに同校は東南プロシャのミラウに移転され、そこで4月と5月にBMMが生産した駆逐戦車を受領した。しかしながら生産数の増加と前線の状況のため同訓練施設は組み立て工場の近く、チェコのミロヴィチェ町に移転された（1944年9月）。訓練生数は着々と増加し、最終的に3個中隊規模にまでいたり、20～35名の乗員が同時に訓練を受けていた。ミロヴィチェでの訓練には訓練生をプラハ＝リベニュの

損傷の修理のため輸送された38式駆逐戦車（初期型）。走行転輪は全体を単色で塗られるのが一般的だったが、本車の転輪は前線の集積所か乗員により迷彩が追加されている。

本車はBMM工場の11月生産分。SF 14Z砲隊鏡が車長用ハッチから突き出している。

BMM工場で車輌組み立て作業に参加させる講習も含まれていた。

計画ではヘッツァーを中隊規模の部隊に配備することになっていたが、この新型駆逐戦車を最初に受領したのは第731戦車猟兵大隊（Panzerjäger-Abteilung 731）だった。同隊には38式駆逐戦車が1944年7月4日に14輌、7月6日にはさらに31輌が引き渡された。大隊にヘッツァーが配備されたのには理由があった。それは新型車輌を大至急導入するには実戦状況下の14輌編成の中隊でじっくり評価試験をしている余裕がなかったからだった。当時の評価は兵器局が実施したテストと戦車猟兵学校での試験運用の結果に基づくものだけだった。1944年6月15日の時点でも兵器試験第6課は本新型車輌はまだ戦闘には使用できないと発表していた。継続されていた試験から量産開始前にいくつかの改修が必要であることも判明していた。しかし戦況の逼迫、特に連合軍のノルマンディ上陸（1944年6月6日）のため、技術的な短所があったにもかかわらずヘッツァーの量産は見切り発車を強いられたのだった。こうした事情から最初の38式駆逐戦車はこの大隊に配備されたのだが、それは車輌数の少ない中隊でしっかり確立された専用の戦術なしに新型車輌を運用すれば、たちまち全滅の憂き目に会いかねないからだった。大隊ならばヘッツァーの戦闘における集団運用法をより有効にテストでき、国防軍にとっては強力な対戦車部隊が不足している今、これは大きな防御戦力でもあった。

第731戦車猟兵大隊はOKH（陸軍総司令部）直轄の独立大隊だった。45輌のヘッツァー（この数はK.St.N. 1149編成表による）は各14輌からなる3個中隊に配備され、残りの3輌は5台の乗用車とともに大隊本部付きとされた。同大隊には戦車回収車4輛も配備される予定だったが、この時点ではまだ存在しなかったため、配備は後回しになった。中隊本部の全車と大隊本部の2輛には通常型のFu5よりも出力の大きなFu8無線機が増設され、上位の指揮系統と交信できるようになった。

第731戦車猟兵大隊は北方軍集団所属となり終戦まで戦った。ドイツ軍の統計によれば同隊はソ連軍の戦車、車輛、野砲を100撃破したという。1945年4月5日まで同大隊の中隊はクーアランド包囲陣で第205歩兵師団と密接に連携しながらソ連軍師団に抵抗していた。激しい戦闘を繰り広げるなか、同大隊は補強として11月に10輛を、12月にさらに20輛を受領した。

同大隊の駆逐戦車は1945年1月1日にはまだ22輛あったが（うち稼動12輛）、2月1日には38式駆逐戦車は41輛（うち稼動27輛）になった。3月15日には同大隊の戦力は28輛（稼動13輛）に落ち込んだ。

ヘッツァーを2番目に装備した実戦部隊は第743戦車猟兵大隊だった。7月19日から28日までに同部隊は45輛の軽駆逐戦車を受領した。本大隊は中央軍集団所属とされた。1945年3月15日の時点でもこの大隊には31輛のヘッツァーがあった。

戦況がつぎつぎに推移し混乱が増大するなか、大損害を受けた部隊から新たな部隊が編成されていったため、38式駆逐戦車を装備した部隊の戦闘記録を一貫して正確に再構成するのは困難である。よって筆者は本車が関わった興味深いエピソードをいくつか紹介するだけとする。この戦闘車輛を受領したその他の部隊については短く触れるにとどめる。

ヘッツァーが参加した作戦でもっとも記録が充実しているもののひとつは（それでも不明な点は多い）1944年8月2日のワルシャワ蜂起の戦いである。『ワルシャワのヘッツァー』がどの部隊に所属していたかを記した信頼できる資料はほとんどない。これらはワルシャワ経由で東部戦線に向かっていた第731もしくは第743戦車猟兵大隊のいずれかに属していた。

8月2日午前6時から7時までの中央郵便局をめぐる戦闘では、2輛のヘッツァー駆逐戦車がナポレオン広場をめざしてシフィエントクシスカ通りを進んできた。1輛はモニュシコ通りへ向かい、もう1輛はシュピタルナ通りへと進んだ。そこで後者は『キリンスキー』大隊の兵士たちに射撃された。同車はナポレオン広場につづく通りの出口、レウェンフィ

同一車輛の側面。本車はゴム製リムが細く、16本リベットの後期型走行転輪を装着している。各走行転輪の色が異なっているので、乗員により再塗装された可能性が高い。標準型と異なり側面装甲板に予備履帯が装着されているが、これはその後方にある燃料タンクの防御を向上させるためだろう。

◀同一車輌の正面。本車は防盾に個体名が書かれている。操縦手バイザー付近に描かれた黒い横棒はペリスコープを狙う敵狙撃兵を欺瞞するため。

▼上方から見たヘッツァー。本車は不規則なまだらからなる三色迷彩。機銃の50連ドラム弾倉に注意。写真から戦闘中にこれを交換することがどれほど危険だったかがわかる。乗員が敵に撃たれるのを避けるため、空の弾倉を交換しないこともよくあった。

▲西部戦線で鹵獲されたヘッツァー。この写真から本車の長所——低い姿勢のおかげで完全に姿を隠せることがよくわかる。側面装甲板の規格外の十字に注意。

▶撃破された38式戦車回収車。1945年、西部戦線。

原注2：ワルシャワ蜂起の反乱者の多くはかつての地下組織の闘士たちで、本名でなく偽名を使用していた（原訳者脚注）。

シュ共同住宅の近くでも手榴弾と火炎瓶攻撃を受けた。乗員は生きたまま焼死したという資料もあれば、脱出を試みたが撃たれて生存者は1名のみという資料もある。いずれにしろ同車は鹵獲され、もう1輌のヘッツァーは大急ぎでドイツ軍の前線へ退却した。その夜、鹵獲されたヘッツァーは牽引されてナポレオン広場とシュピタルナ通りを分断していたシェンキェウィチュ通りからボドゥエン通りまでのバリケードに置かれた。8月5日、このヘッツァーは中央郵便局の構内へバスとトラックで牽引された。調査の結果ダメージは70%と判定され、反乱軍は同車を修理することにした。技術主任の『ウィルク（狼）』曹長【原注2】のおかげで同車は8月14日には修理を終えた。同車は『フワト（命知らず）』と命名された。しかし戦闘区域への道を阻んでいたバリケードを撤去する許可が下りなかったため、同車は戦闘に使用されなかった。同車は反乱軍の予備戦力とされたが、それも中央郵便局の瓦礫に埋もれるまでだった。現在残っているのは『フワト』の転輪1個のみで、これはポーランド陸軍博物館の分館でワルシャワのチェルニャコフスキー要塞にあるポーランド軍事技術博物館に展示されている。

新型駆逐戦車を受領した3番目の部隊は第741戦車猟兵大隊だった。この大隊は1944年9月に車輌を受領し、計45輌のヘッツァーを保有していた。まもなく前線の状況により同大隊は分割を強いられた。14輌からなる1個中隊が東部戦線に送られ、残りの31輌の38式駆逐戦車は連合軍空挺部隊（『マーケットガーデン』作戦中に降下していた部隊）を迎撃するために西部戦線はオランダのアルンヘムへ派遣された。11月の激しい戦闘で損害を出したため、西部戦線にいた同隊には12輌のヘッツァーが補充された。

1945年にヘッツァーを運用するようになった大隊には第510戦車猟兵大隊（第2および第3中隊に28輌）、第561戦車猟兵大隊（2月10日に20輌を受領）、第708戦車猟兵大隊、第744戦車猟兵大隊（3月3日に31輌を受領し、上シレジア地方で戦闘）、戦車猟兵大隊『シュレージエン』、戦車猟兵大隊『ユーテルボーク』（両隊はいずれも2月23日にヘッツァー21輌を受領）があった。

歩兵師団（INFANTERIE-DIVISION）

部隊名	配属地	受領車輌数	受領月
第15歩兵師団	東部戦線	14	1944年6月
第17歩兵師団	東部戦線	10	1945年3月
第21歩兵師団	東部戦線	14	1945年1月
第65歩兵師団	西南部戦線	14	1945年1月
第68歩兵師団	東部戦線	14	1944年12月
第71歩兵師団	東部戦線	10	1944年3月
第73歩兵師団	東部戦線	14	1945年1月
第76歩兵師団	東部戦線	14	1944年8月
第79歩兵師団	西部戦線	14	1944年8月
第83歩兵師団	東部戦線	14	1945年1月
第85歩兵師団	西部戦線	10	1945年4月
第94歩兵師団	西南部戦線	14	1944年12月
第106歩兵師団	東部戦線	10	1945年3月
第129歩兵師団	東部戦線	14	1945年1月
第163歩兵師団	デンマーク	10	1945年3月
第169歩兵師団	東部戦線	10	1945年3月
第181歩兵師団	東南部戦線	14	1944年10月
		10	1945年1月
第189歩兵師団	西部戦線	10	1945年3月
第203歩兵師団	東部戦線	14	1945年1月
第211歩兵師団	東部戦線	14	1945年1月
第212歩兵師団	西部戦線	4	1945年4月
第243歩兵師団	西部戦線	14	1944年10月
第245歩兵師団	西部戦線	14	1944年12月
第251歩兵師団	東部戦線	10	1945年3月
第257歩兵師団	西部戦線	14	1944年8月
		14	1945年1月
第271歩兵師団	東部戦線	14	1945年1月
第275歩兵師団	東部戦線	10	1945年2月
第278歩兵師団	西南部戦線	14	1945年1月
第281歩兵師団	東部戦線	10	1945年3月
第304歩兵師団	東部戦線	14	1944年10月
		10	1945年3月
第305歩兵師団	東部戦線	10	1945年3月
第306歩兵師団	東部戦線	14	1944年9月
第334歩兵師団	西南部戦線	14	1945年1月
第335歩兵師団	東部戦線	14	1944年8月
第344歩兵師団	東部戦線	14	1944年11月
第346歩兵師団	西部戦線	14	1944年11月
第356歩兵師団	東部戦線	14	1945年2月
第359歩兵師団	東部戦線	14	1945年1月
第362歩兵師団	東部戦線	10	1945年3月
第376歩兵師団	東部戦線	14	1944年9月
第384歩兵師団	東部戦線	14	1945年1月
第600歩兵師団	東部戦線	10	1945年2月
第711歩兵師団	西部戦線	14	1944年11月
第715歩兵師団	東部戦線	10	1945年4月
第716歩兵師団	西部戦線	14	1944年11月
		4	1945年1月
『シャルンホルスト』歩兵師団	西部戦線	10	1945年4月
『ウルリッヒ・フォン・フッテン』歩兵師団	西部戦線	10	1945年4月

国民擲弾兵師団（VOLKSGRENADIER-DIVISION）

部隊名	配属地	受領車輌数	受領月
第6国民擲弾兵師団	東部戦線	10	1945年3月
第9国民擲弾兵師団	西部戦線	14	1944年11月
第16国民擲弾兵師団	西部戦線	14	1944年12月
第18国民擲弾兵師団	西部戦線	14	1944年9月
第26国民擲弾兵師団	西部戦線	14	1944年11月
第47国民擲弾兵師団	西部戦線	14	1944年11月
第62国民擲弾兵師団	西部戦線	14	1944年11月
第79国民擲弾兵師団	西部戦線	14	1944年12月
第167国民擲弾兵師団	西部戦線	14	1944年11月
第183国民擲弾兵師団	西部戦線	14	1944年9月
		4	1944年12月
第246国民擲弾兵師団	西部戦線	14	1944年9月
		4	1944年12月
第252国民擲弾兵師団	東部戦線	14	1944年12月
第271国民擲弾兵師団	東部戦線	14	1944年12月
第272国民擲弾兵師団	西部戦線	14	1944年10月
第277国民擲弾兵師団	西部戦線	14	1944年10月
第320国民擲弾兵師団	東部戦線	14	1944年12月
第326国民擲弾兵師団	西部戦線	14	1944年11月
第337国民擲弾兵師団	東部戦線	14	1944年11月
第340国民擲弾兵師団	西部戦線	14	1944年11月
第349国民擲弾兵師団	東部戦線	14	1944年10月
第352国民擲弾兵師団	西部戦線	14	1944年11月
第363国民擲弾兵師団	西部戦線	14	1944年9月
第542国民擲弾兵師団	東部戦線	14	1945年1月
第547国民擲弾兵師団	東部戦線	14	1945年1月
第551国民擲弾兵師団	東部戦線	14	1945年1月
第553国民擲弾兵師団	東部戦線	10	1945年3月
第708国民擲弾兵師団	西部戦線	14	1944年10月
第716国民擲弾兵師団	西部戦線	10	1945年3月

猟兵師団（JÄGER-DIVISION）

部隊名	配属地	受領車輌数	受領月
第97猟兵師団	東部戦線	14	1944年8月

擲弾兵師団（GRENADIER-DIVISION）

部隊名	配属地	受領車輌数	受領月
第44擲弾兵師団	東部戦線	14	1944年10月
		4	1944年12月

山岳師団（GEBIRGS-DIVISION）

部隊名	配属地	受領車輌数	受領月
第1山岳師団	西南部戦線	14	1945年3月
第4山岳師団	東部戦線	14	1944年10月

軍直轄戦車猟兵大隊（HEERES-PANZERJÄGER-ABTEILUNG）

部隊名	配属地	受領車輌数	受領月
第731軍直轄戦車猟兵大隊	東部戦線	45	1944年7月
		10	1944年11月
		20	1944年12月
第741軍直轄戦車猟兵大隊	東部戦線	45	1944年9月
	西部戦線	12	1944年11月
第743軍直轄戦車猟兵大隊	東部戦線	45	1944年7月
		31	1945年2月
第744軍直轄戦車猟兵大隊	東部戦線	31	1945年3月
第561軍直轄戦車猟兵大隊	東部戦線	20	1945年2月
第510軍直轄戦車猟兵大隊	東部戦線	28	1945年1月

38式駆逐戦車はより大規模な部隊でも試験運用された。それは師団（歩兵師団および国民擲弾兵師団）内の駆逐戦車中隊の基礎となる予定の旅団だった。第104軍直轄戦車猟兵旅団は第104戦車旅団から1945年1月24日に編成された。同旅団は6個大隊編成（各大隊は14輌の38式駆逐戦車からなる中隊2個で編成）となる予定だった。この旅団にはさまざまな歩兵師団――具体的には第21、第129、第203歩兵師団や第542、第547、第551国民擲弾兵師団――に所属する中隊も含まれていた。さらに6a、6b、9bなどの訓練中隊もあった。本旅団の充足のためⅣ号突撃砲を装備した中隊も2個編入された。同旅団は計120輌の戦闘車輌からなる強力な部隊だった。2月に同旅団は『ヴァイクセル』軍集団の一員として戦闘に参加した。せっかくの強力なヘッツァー大部隊だったにもかかわらず、本車は代わりに前線のもっとも脅かされている部分へ中隊規模の部隊で投入されるのが通例だった。4月の時点でもこの旅団はかなりの戦力を誇っていた（まだ第1大隊には突撃砲53輌とヘッツァー6輌が、第2大隊にはヘッツァー25輌が、第6大隊には同19輌があった）。これだけの規模の部隊はほかに第123軍直轄戦車猟兵旅団があり、これは1945年4月に第219突撃戦車大隊から編成されたものだった。同旅団は38式駆逐戦車を装備する2個大隊で編成される予定だったが、実際には2個中隊しか編成できなかったことが判明しており、これらはその後ハンガリーとオーストリアで戦った。

当初の計画ではヘッツァーは歩兵師団の対戦車中隊へ配備されるはずだったが、実際にはこの駆逐戦車は国防軍とSSの戦車師団、機甲擲弾兵師団、騎兵師団、その他の規格外の部隊にも配備された。先述したとおり戦車師団はより大型の駆逐戦車を装備する予定だったが、構造が複雑で製造に時間がかかったため、一部の部隊に38式駆逐戦車が充当されたのだった。最初にヘッツァーを受領した機械化部隊にはSS第8騎兵師団『フローリアン・ガイアー』とSS第16機甲擲弾兵師団『ライヒスフューラーSS』があった。前者は1944年8月に29輌のヘッツァーを2個中隊の形で引き渡された。後者は1944年9月に10輌、12月にさらに25輌、1月に補充として4輌を受領した。

1945年2月には新規編成された戦車師団『ユーテルボーク』と『シュレージエン』にそれぞれ21輌が引き渡された。3月にはさらに21輌のヘッツァーが戦車師団『フェルトヘルンハレ』にも配備された。それ以前にも1月に新編の機甲擲弾兵師団『クーアマルク』に28輌のヘッツァーが配備されていた。同師団のヘッツァーは3個中隊を形成し、Ⅳ号駆逐戦車中隊1個とともに第51戦車大隊を構成していたが、この大隊はその後少数のⅤ号戦車パンターも受領した。空挺部隊もヘッツァーを使用した。1945年2月に第9降下猟兵師団は14輌を受領した。

1945年3月に対戦車中隊の定数は10輌に減らされた。これは部隊数を増やして連合軍を食い止めるのが目的だった。規格外の部隊でこの規定にしたがったのは第1および第2海軍狙撃師団だった（4月受領）。同じころ帝国労働奉仕団（RAD）の3個師団にも10輌の38式駆逐戦車が引き渡されていた。それは歩兵師団『シュラゲーター』（第1RAD師団）、歩兵師団『フリードリヒ・ルードヴィヒ・ヤーン』（第2RAD師団）、歩兵師団『テオドール・ケルナー』（第3RAD師団）だった。

ヘッツァーは大戦最後期には突撃砲旅団にも配備された。その運用形態は最大でも中隊規模までだった。例としては『クーアランド』軍集団がある。1945年4月5日にこの部隊には消耗した4個突撃砲旅団があった（第202、293、600、912）。これらは計28輌の軽駆逐戦車を運用していた。38式駆逐戦車を最後に受領した部隊は第1235、第1245、第1257独立駆逐戦車中隊だった。

即製の戦闘部隊でもヘッツァーは使用された。こうした部隊はそれまで乗員訓練に使用されていた各種の車輌を戦闘に使用するために編成された。多くの場合、その装備は最初からかなり使い古されていたため機械的状態が悪く、戦闘力は低かった。『ヴェストファーレン』戦闘団にはヘッツァーが1輌、『フランケン』戦闘団には2輌、『オストゼー』戦闘団にも2輌、『ベーメン』戦闘団には12輌の38式駆逐戦車があった。

本章にはヘッツァーを運用していたことが判明している全部隊名と、その受領車輌数、受領月の一覧

戦車師団（PANZER-DIVISION）

部隊名	配属地	受領車輌数	受領月
戦車師団『フェルトヘルンハレ』	東部戦線	20	1945年3月
戦車師団『ユーテルボーク』	東部戦線	21	1945年2月
戦車師団『シュレージエン』	東部戦線	21	1945年2月

突撃砲旅団（STURMGESCHÜTZ-BRIGADE）

部隊名	配属地	受領車輌数	受領月
第104突撃砲旅団	西部戦線	21	1945年4月
第236突撃砲旅団	東部戦線	31	1945年3月

戦車猟兵中隊（PANZERJÄGER-KOMPANIE）

部隊名	配属地	受領車輌数	受領月
戦車猟兵中隊『ボック』	西部戦線	14	1944年11月
戦車猟兵中隊『ラング』	西部戦線	14	1944年11月
戦車猟兵中隊『パンコフ』	西部戦線	14	1944年11月
戦車軍総司令部特務戦車猟兵中隊	東部戦線	14	1945年1月

駆逐戦車中隊（JAGDPANZER-KOMPANIE）

部隊名	配属地	受領車輌数	受領月
第1235駆逐戦車中隊	西部戦線	10	1945年4月
第1245駆逐戦車中隊	西部戦線	10	1945年4月
第1257駆逐戦車中隊	西部戦線	10	1945年4月

訓練部隊（PERSONAL EINHEIT）

部隊名	配属地	受領車輌数	受領月
2a	東部戦線	14	1944年12月
6a	東部戦線	14	1945年2月
6b	東部戦線	14	1945年2月
7c	西部戦線	14	1945年1月
9a	東部戦線	14	1945年2月
9b	東部戦線	14	1945年2月
13a	東部戦線	14	1945年2月
33a	西部戦線	14	1944年12月
43a	東部戦線	14	1945年2月
Fミロヴィチェ	東部戦線	10	1945年3月
Gミロヴィチェ	東部戦線	10	1945年3月

降下猟兵師団（FALLSCHIRMJÄGER-DIVISION）

部隊名	配属地	受領車輌数	受領月
第9降下猟兵師団	東部戦線	14	1945年2月

RAD（帝国労働奉仕団）師団（RAD-DIVISION）

部隊名	配属地	受領車輌数	受領月
第1RAD師団	西部戦線	10	1945年4月
第2RAD師団	西部戦線	10	1945年4月
第3RAD師団	西部戦線	10	1945年4月

武装SS（WAFFEN-SS）

部隊名	配属地	受領車輌数	受領月
SS第14擲弾兵師団『ガリーツィエン』	東部戦線	14	1945年1月
SS第15擲弾兵師団	東部戦線	14	1944年10月
SS第19擲弾兵師団	東部戦線	14	1944年11月
SS第20擲弾兵師団	東部戦線	14	1944年8月
		10	1945年2月
SS第31擲弾兵師団『ベーメン・ウント・メーレン』	東部戦線	14	1944年12月
		6	1945年3月
SS第38擲弾兵師団『ニーベルンゲン』	西部戦線	10	1945年4月
SS騎兵師団『フローリアン・ガイアー』（第8）	東部戦線	29	1944年8月
SS第22騎兵師団『マリア・テレジア』	東部戦線	21	1944年10月
SS第16機甲擲弾兵師団『ライヒスフューラーSS』	西南部戦線	10	1944年9月
		25	1944年12月
		4	1945年1月
警察旅団『ヴィルト』	東部戦線	10	1945年2月
ライプシュタンダルテ『ライヒスフューラーSS』	西部戦線	10	1945年3月
警護中隊『ライヒスフューラーSS』	西部戦線	10	1945年2月
戦車中隊『ザーロウ』	東部戦線	14	1945年2月

表を掲載した。

38式駆逐戦車ヘッツァーの戦力はヒットラーの同盟国にも分与された。車輌数不足にもかかわらずドイツ軍は渋々ながらヘッツァーをハンガリー軍、ルーマニア軍、ロシア人部隊（ROA）へ供与することを決定した。1944年夏に2回にわたってルーマニアに引き渡された車輌は6月に15輌、8月にも15輌だったことが判明している。しかし生産の難行とその後のルーマニアの変節により計画は中止された。

ハンガリー陸軍はその機甲部隊を国産車輌で装備しようと計画していたが、ズリーニィⅡ突撃自走砲の生産がはかどらず、攻撃部隊の編成が遅れていた。1944年10月に兵器局は38式駆逐戦車ヘッツァー75輌のハンガリー陸軍への供与を決定した。引き渡しは25輌ずつ3回に分けられた。第1次引き渡し分がハンガリーに到着したのは1944年12月9日で、第2次は12月12日、最終次は1945年1月13日だった。到着した車輌はいくつかのグループに分けられ、短期間の慣熟訓練後、前線であるブダペストの激戦に投入された。この戦闘で大部分の車輌が失なわれた。ハンガリー軍のヘッツァーについては記録がほとんど残っていないが、『エゲル』戦闘団は3月8日の時点で15輌の軽駆逐戦車を保有していた。

1945年3月と4月にはヘッツァー10輌と戦車回収車1輌が第1ROA師団（ROA：Русская Освободительная Армия＝ロシア解放軍）に引き渡された。セルゲイ・ブニャチェンコ少将隷下のソ連軍戦争捕虜と強制労働者で編成されたこの師団の装備はドイツ国防軍の規格だった（ドイツ国防軍のリストによれば第600歩兵師団）。同師団は1945年5月5日から9日にかけてプラハに意気揚々と入城し、現地の反乱軍を支援した。ロシア人たちはソ連軍ではなくアメリカ軍が同市へ先に到達してくれれば喜んで投降するつもりだった。同師団の上層部はごく近い将来に西側の連合軍がソ連と交戦状態に突入することも望んでいた。しかしその目論見は共産主義者がプラハの実権を掌握したため実現しなかった。

プラハ市内ではヘッツァーは反乱軍にも使用された。5月5日に反乱軍は3輌の駆逐戦車を鹵獲し、これでプラハ＝スミチョフ工場を防衛しようとした。これらの車輌は未完成で主砲がなかった。反乱軍は開口部を装甲板で覆い、このヘッツァーに機銃を装備して車体側面に戦闘スローガンを書いた。こうした準備が終わると、これらは戦闘に投入され、ラジオ局ビルをめぐる戦いに参加した。さらに5月6日に鉄道駅で3輌の38式駆逐戦車がやはり砲と防盾のない状態で鹵獲された。5月5日から9日にかけて反乱軍は計8輌のヘッツァーを使用していた。

鹵獲されて再塗装された38式駆逐戦車ヘッツァーはソ連軍とポーランド人民軍（Wojsko Polskie）でも使用された。322549、323339、323358の3輌はポーランドの第6歩兵師団第5独立自動車化砲兵大隊で使用された。これらは制式名称をT-38（75㎜）と改められた。これらの車輌は1945年10月まで使用されたのち、第3戦車訓練連隊へ再配備された。

総括

Conclusion

38式駆逐戦車ヘッツァーは初の量産型軽駆逐戦車だった。開発が突貫作業だったにもかかわらず、本車には数多くの長所があった。ヘッツァーは低い姿勢のおかげで戦闘地域まで隠密裏に接近でき、命中弾も受けにくかった。大きく傾斜した前面装甲板は強度も充分で、正面からの攻撃によく耐えた。優れた踏破能力とあいまって本車は戦場では手ごわい存在だった。さらにヘッツァーは7.5㎝ PaK39 L/48という優秀な砲を装備し、ほとんどの連合軍車輌と渡り合えた。最小でも1個小隊のヘッツァーが支援の歩兵とともに投入されれば、陥落寸前の防御陣地でもかなり持ちこたえられた。無線機が装備されていたおかげで僚車間や司令部との連絡が可能だったため、急な敵の出現にも直ちに対応できた。

とはいえヘッツァーは開発と量産を急いだため、多くの短所もあった。だがそうした欠点にもかかわらず生産が推し進められたほど、数をそろえることが最優先された。BMMとシュコダの両工場に経験があったおかげで改修点は生産工程にてきぱきと導入されていった。機動力についてはヘッツァーは悪路踏破能力は高かったものの、最高速度が低かった。この重量16トンの駆逐戦車は明らかに出力不足だった。配備後に新たに判明した欠点は車体前部が重すぎたことで、操行変速機の故障が多発した。主砲の装備方法による制限から操縦手は標的を捕捉するには車輌を機動させつづけなければならず、事実上防御されているのは正面のみだったので敵につねに正面を向けていなければならなかった。ヘッツァーでは側面や後面への命中弾は致命的だった。特に車体後部への被弾は最後部に位置していた車長にとって危険だった。車体上面の防御力も不充分だった。38式駆逐戦車が敵の攻撃機に発見された場合、生き残れる可能性はまずなかった。本車の戦闘力は携行弾数の少なさにも制限された。乗員が定数以上の砲弾を車内に積み込むこともあったが、狭い戦闘室

◀アメリカ軍に接収された未完成のヘッツァー。

アメリカ軍に鹵獲された38式駆逐戦車。本車はシュコダ工場製（Nr. 323814）。

には余裕がほとんどなかったので多くは無理だった。車内が狭いせいで乗員は身動きが取りづらく、各自の職務を快適にこなせなかった。歩兵防御用のMG34機銃は車内から操作可能な全周銃架に装備されていたものの、実戦ではすぐ空になる1個の弾倉しか事実上使用できないという大きな欠点があった。再装填には砲手が装甲板の外に身を乗り出さなければならず、狙い撃ちされる危険性が高かった。

こうしたいくつもの短所にかかわらず38式駆逐戦車はほとんどの乗員から好評を得ていたが、やはり狭くて不便な車内空間だけは不満の種だった。その強さをすべて引き出せ、同時に弱点も知り尽くした熟練戦車兵が乗り込んだとき、ヘッツァーは恐るべき兵器となった。本車で対戦車部隊を補強できた結果、ドイツ軍が長期にわたって持ちこたえられた例も多かった。安価で大量生産された駆逐戦車ヘッツァーは大戦最後期に多数の装甲車輌を撃破し、連合軍の進撃を効果的に食い止めるのに貢献したのだった。

■博物館のヘッツァー

【ボーデン・カナダ軍基地軍事博物館、オンタリオ州ボーデン】
BMM製初期生産型、Nr.321042。1944年に西部戦線でカナダ軍が鹵獲したもの。

【アバディーン戦車博物館、メリーランド州US】
ドイツ降伏の直前にシュコダ工場で完成した最終型、Nr.323814。終戦後テストのため工場から直接アメリカ本土に輸送された。

【パットン戦車博物館、ケンタッキー州フォートノックスUS】
単孔式マズルブレーキを装着した珍しいヘッツァー。BMM工場製の最初期型でアメリカ軍にテストされた。塗装はダークイエロー単色。

【ボーヴィントン戦車博物館、ドーセット州UK】
BMM製のヘッツァー後期型（Nr.322211）。本車はテスト後に収蔵された。

【スウェーデン戦車博物館、アクスヴァル】
1944年夏にBMMで製造されたヘッツァー初期型、Nr.321364。本車は戦後スウェーデンが設計検討テスト用に購入した4輌のうちの1輌。

【レシャニー軍事技術博物館、チェコ共和国】
同館が所蔵する1輌は1945年5月のプラハ蜂起で使用された興味深い車輌。本車はオリジナルの迷彩にチェコスロヴァキア国旗とČS ROZHLAS（チェコスロヴァキア・ラジオ。蜂起の最初の数時間、このビルをめぐる戦闘があった）が側面についている。本車はスミチョフのシュコダ工場で鹵獲された3輌のヘッツァーのうちの1輌（主砲なし）。本博物館には現在ここにしかない（生産数150）チェコ製のST-1戦車（ST-1は戦後チェコスロヴァキア陸軍が38式駆逐戦車につけた制式名）もある。

【クビンカ戦車博物館、ロシア】
BMM製ヘッツァー後期型、Nr.322973。本車は塗りわけ部の細長い変わった二色迷彩で、レンガ色のレッドブラウンを使用している。

【ポーランド陸軍博物館、ワルシャワ】
本館のヘッツァー初期型は損傷している。

【ドイツ戦車博物館、ニーダーザクセン州ムンスター】
丁寧な三色迷彩の8穴型誘導輪つき後期型。本車は車外装備品がよく再現されている。

上記の車輌以外にもスイス陸軍が購入して使用していた戦後型ヘッツァー（G-13）のある博物館もある。そのなかには『38式駆逐戦車風に』改造されて展示されているものもある。それ以外はオリジナルのG-13として展示されている。ヘッツァーを見られるのは博物館だけではない。いくつもの愛好家グループやコレクターが本車を所有している。そのなかには今も稼動状態のものもあり、歴史イベントに姿を現している。

シュコダ工場製の38式駆逐戦車（Nr. 323814）で終戦直前にアメリカ陸軍に鹵獲されたもの。現在はメリーランド州のアバディーン戦車博物館に展示されている。

ワルシャワのポーランド陸軍博物館に展示されている38式駆逐戦車ヘッツァー。本車はおそらく第73歩兵師団の所属で、1945年1月17日、ドイツ軍のワルシャワ撤退時にブウォニー近郊で乗員により破壊されたもの。（撮影：Patryk Janda）

参考書籍/Bibliography

- Bartelski L. M., Powstanie Warszawskie, Iskry, Warszawa 1988.
- Doyle H., Jentz T., Jagdpanzer 38 "Hetzer" 1944-1945, New Vanguard 36, Osprey Publishing, Oxford 2001.
- Edmundson G., Modelling the Jagdpanzer 38(t) "Hetzer", Osprey Publishing, Oxford 2001.
- Francev V., Kliment C. K., Kopecky M., Jagdpanzer 38 Hetzer, MBI Publishing, Praha 2001.
- Guderian H., Wspomnienia żołnierza, Wydawnictwo Bellona, Warszawa 1991.
- „Ground Power", #089, Delta Publishing Company Ltd., Tokyo 2001.
- „Ground Power", #091, Delta Publishing Company Ltd., Tokyo 2001.
- Jentz T., Panzer Tracts No.9 Jagdpanzer 38 to Jagdtiger, Darlington Publications Inc., Boyds, Maryland 1997.
- Jędrzejewski D., Lalak Z., Niemiecka broń pancerna 1939-1945, Wydawnictwo Lampart, Warszawa 1994.
- Kliment C. K., Francev V., Czechoslovak Armoured Fighting Vehicles, Schiffer Military History, Atglen 1997.
- Ledwoch J., Jagdpanzer 38(t) Hetzer cz. 1, Wydawnictwo Militaria, Warszawa 1997.
- Ledwoch J., Jagepanzer 38(t) Hetzer cz. 2, Wydawnictwo Militaria, Warszawa 1997.
- Perrett B., Sturmartillerie & Panzerjäger 1939-45, New Vanguard 34, Osprey Publishing, Oxford 1999.
- Scheibert H., Hetzer Jagdpanzer 38(t) and G-13, Schiffer Military History, Atglen 1990.
- Skotnicki M., Kiński A., Leichte Jagdpanzer 38(t) HETZER, „Nowa Technika Wojskowa", nr 9/97, Magnum-X, Warszawa 1997.
- Spielberger W., Die Panzer-Kampfwagen 35(t) und 38(t) und ihre Abarten einschlieslich der tschechoslowakischen Heeresmotorisierung 1920-1945, Motorbuch Verlag, Stuttgart 1990.
- Svirin M., Ëĺăęčé čńňđĺúčňĺëü ňŕíęîâ ŐĹŇÖĹĐ Jagdpanzer 38 (SdKfz 138/2), ExPrint, Moskwa 2004.

117〜119ページ：ワルシャワのポーランド陸軍博物館に展示されている38式駆逐戦車ヘッツァー。本車はおそらく第73歩兵師団の所属で、1945年1月17日、ドイツ軍のワルシャワ撤退時にブウォニー近郊で乗員により破壊されたもの
（撮影：Patryk Janda）

120〜127ページ：カナダのボーデン・カナダ軍基地に展示されている38式駆逐戦車ヘッツァー。
これら写真は本車のレストア中に撮影されたもの。（撮影：Michał Szapowałow）

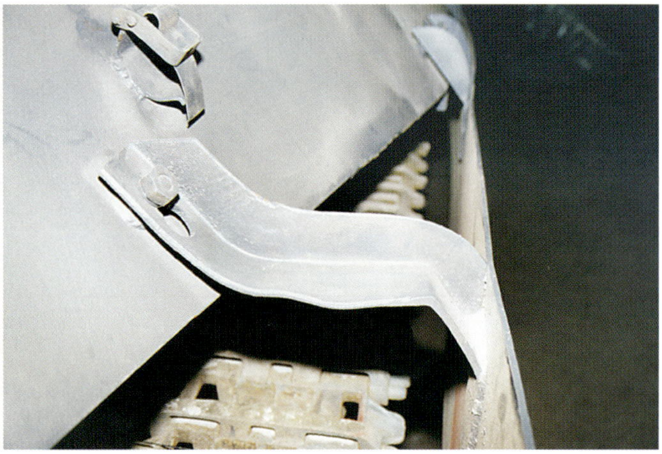

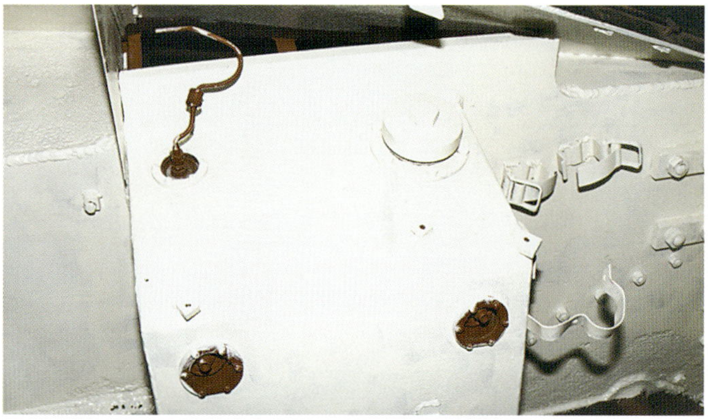

122ページ：ボーデン・カナダ軍基地に保存されている38式駆逐戦車ヘッツァーのディテール。
（撮影：Michał Szapowałow）

123〜124ページ：ボーデン・カナダ軍基地のヘッツァーの操行変速機のディテール。左右の履帯を制動する摩擦ブレーキと操作レバーがよくわかる。
（撮影：Michał Szapowałow）

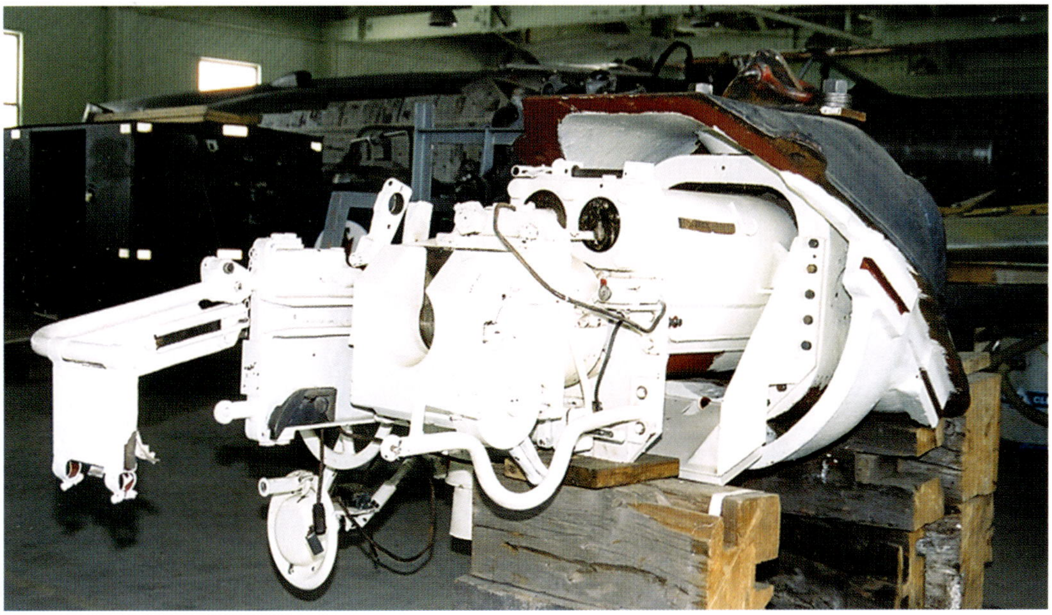

125～127ページ：ヘッツァーの主砲と砲架部のディテール。
（撮影：Michał Szapowałow）

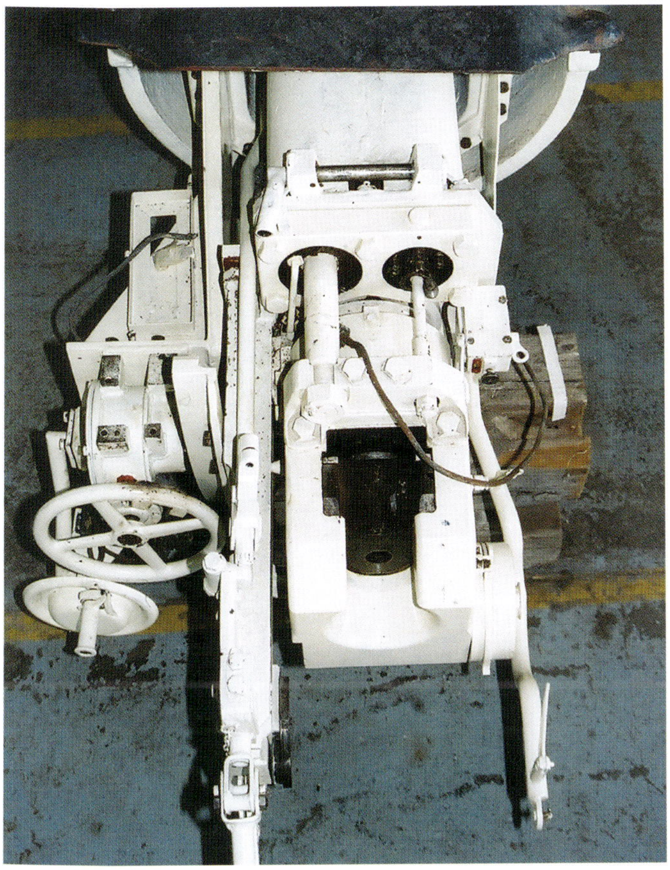

【訳者紹介】

平田光夫

1969年、東京都出身。1991年に東京大学工学部建築科を卒業し、一級建築士の資格を持つ。2003年に『アーマーモデリング』誌で「ツィンメリットコーティングの施工にはローラーが使用されていた」という理論を発表し、模型用ローラー開発のきっかけをつくる。主な翻訳図書に『第三帝国の要塞』『シュトラハヴィッツ機甲戦闘団』『第二次大戦の帝国陸軍戦車隊』『タラワ1943 形勢の転換点』『連合艦隊VSバルチック艦隊 日本海海戦1905』などがある（いずれも小社刊）。

ガンパワーシリーズ1

38式駆逐戦車ヘッツァー

発行日	2010年3月16日　初版第1刷
著　者	マルツィン・ラインコ
訳　者	平田光夫
発行者	小川光二
発行所	株式会社 大日本絵画
	〒101-0054 東京都千代田区神田錦町1丁目7番地
	電　話：03-3294-7861
	ＵＲＬ：http://www.kaiga.co.jp
編　集	株式会社 アートボックス
	ＵＲＬ：http://www.modelkasten.com/
アートディレクション	梶川義彦
印刷/製本	大日本印刷株式会社

Printed in Japan
ISBN978-4-499-23019-3

JAGDPANZER 38
HETZER VOL.1

First published in Poland in 2008 by AJ-PRESS.
Japanese language translation

内容に関するお問い合わせ先：03-6820-7000 （株）アートボックス
販売に関するお問い合わせ先：03-3294-7861 （株）大日本絵画